科技惠农一号工程

现 代 农 业 关 键 创 新 技 术 丛 书

奶牛生态养殖

王星凌　赵红波　主编

山东科学技术出版社

主　编　王星凌　赵红波
编　者（以姓氏笔画为序）
成海建　任素芳　刘　晓　苏文政
周　萌　徐绍建　陶海英　游　伟

目　录

一、概 述

1. 选好奶牛

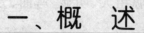

(1)奶牛品种:不同的奶牛品种和个体产奶能力相差较大。目前普遍选择的奶牛品种为荷斯坦奶牛,俗称“黑白花奶牛”,该奶牛在良好的饲养管理条件下,年产奶量可超7 000千克,高产者可超1万千克。

(2)高产奶牛:挑选高产牛,从整体上看,后躯比前躯发达,侧望、俯望、前望的轮廓均趋于三角形;被毛细短且具光泽,皮薄、致密而有弹性;骨骼细致而坚实,关节明显且健壮,筋腱分明,肌肉发育适度,皮下脂肪少,血管显露;体态清秀优美。从局部看,好的奶牛头较小而狭长;颈狭长而较薄;腹大而深,腹底线从胸后沿浅弧形向后伸延,至肷部下方向上收缩;尾细,毛长,尾帚过飞节;尻长、方、宽,腰角显露;四肢端正结实;乳房呈浴盆形,体积大,前部向腹下延伸,超过腰角前缘向地面所做的垂线,后部则充满于两股间且突出于躯干后方。附着良好，乳房底部略高于从飞节向前作的水平线。4个乳区发育均匀对称。乳头长6~8厘米、粗2厘米，呈圆柱形，垂直向下，松紧度适中，不得漏乳，挤奶时排乳速度快。乳房由腺体组织构成，柔软、弹性大，挤奶前后体积变化大。乳静脉粗大、明显、弯曲、分支多，是泌乳性能较高的标志。

(3)其他选择标准：有条件的，还应考察其母本的产乳情况和父本的品质，即产奶系谱。注意年龄、胎次对产奶量的影响，准确鉴定牛的年龄，确定奶牛的利用潜力。分析奶牛年龄与胎次的对应关系，判断繁殖性能的好坏。正常情况下，奶牛的年龄与胎次关系是：年龄=胎次+2。若差别太大，如6岁牛只有2胎，则说明该牛有过空怀现象，可能存在繁殖障碍。同时要注意不同阶段产奶量的变化，客观分析、评价牛的生产能力。

2. 一头成年奶牛每年需要的饲料

奶牛属反刍动物，供给的粗、精饲料必须均衡，一定要按奶牛个体膘情与生产性能计算营养需要。根据不同的生理时期(泌乳周期)配制日粮。密切注视牛只的食欲与粪便，适时调整日粮组成，保证牛只健康，充分发挥生产潜能。

一般每头成年奶牛每年需新鲜青饲料11 000千克、干制牧草1 100千克、新鲜糟渣4 000千克、精饲料3 600千克。

青饲料主要指玉米青贮,还有各种新鲜牧草和秸秆。由于奶牛食量大,种植牧草不易保证常年供应,青绿秸秆的季节性也很强,因此,最好是制作青贮料。干制牧草指各种干草和干苜蓿。因干苜蓿的营养和价格远高于干草,所以应在夏秋季节多备些干草。产奶量超过9 000千克的奶牛场,有必要贮备苜蓿,以供奶牛干制牧草。新鲜糟渣以新鲜啤酒渣为主,还有其他糟渣。精饲料可购买商品饲料,最好自己配制混合料,可大大降低饲料成本,便于掌握日粮的营养含量,调控奶牛产奶量,提高经济效益。精饲料一般由能量类饲料、蛋白饲料、替代饲料、特定饲料、缓冲剂或中和剂、食盐、矿物质和维生素组成。

3. 奶牛泌乳周期

奶牛把吃到胃里的大量饲料,一部分用来维持生命,另一部分就输送到乳房去合成牛奶。奶牛在产犊后即可产奶。奶牛的一个泌乳周期可分为泌乳初期、泌乳中期、泌乳后期、干奶期和围产期。一般泌乳初期为出生后到产后70天,泌乳中期为产后71～220天,泌乳后期为产后221～305天,干奶期为产后306～365天。围产期包括干奶期和泌乳初期,为产前15天到产后15天。

4. 奶牛饲料中的营养成分

奶牛饲料主要包括水、粗灰分(矿物质)、蛋白质、碳水化合物、粗脂肪和维生素六大类物质。

(1)水:奶牛生命的全部过程都需要水的参与。水保证营养和其他物质在细胞内外的转运,支持养分的消化和代谢,有助于溶解食物;水作为食物和排出物的载体,帮助维持牛体内的适宜体液环境和渗透压平衡,防止体温的剧烈变化。要求水新鲜、干净、清凉、方便。

(2)矿物质:不仅是牛骨骼和乳汁的主要成分,而且能维持体内渗透压、酸碱平衡,并有助于呼吸作用等。

(3)蛋白质:是修补和更新活组织,提供合成激素,形成牛乳的主要成分。

(4)碳水化合物:是牛的主要能量来源。

(5)脂肪:是牛体储备能量的来源。

(6)维生素:维生素 A、D、E 是牛瘤胃微生物不能合成的,必须由饲料提供。

5. 奶牛一个泌乳周期的产奶量

泌乳周期产奶量曲线的形态,与奶牛产奶潜力有关。一般产奶量在高峰期过后,是以每月 8% ~10% 减少的。奶牛的产奶量,是由遗传能力、健康状况、饲料的质量和供给水平以及管理状况决定的。初产牛的产奶量曲线比经产牛趋缓。奶牛分娩后产奶量直线上升,在 7 周时达到高峰期,再缓慢下降。高峰期的产奶量决定奶牛一个泌乳周期的产奶量。如果在奶牛产奶高峰时满足其营养,产奶量每增加 1 千克就意味着整个泌乳期实际产量增加 200 ~ 225 千克。另一方面，干物质摄取量在奶牛分娩后 13 ~ 15 周才达到最高。在泌乳初期，因为饲料摄取量比产奶量少，就会出现体重减少现象(图 1)。

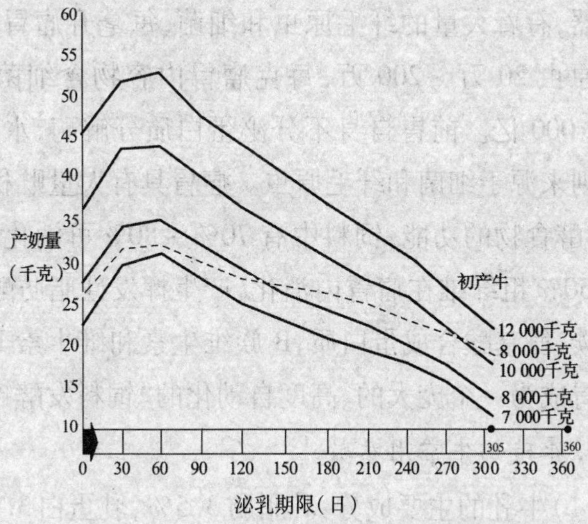

实线：经产牛泌乳曲线　虚线：初产牛泌乳曲线

图 1　产奶量曲线

6. 奶牛的消化特点

奶牛的消化系统比较复杂，主要包括口腔、食道、四胃、小肠和大肠等。奶牛属反刍家畜，进食草料速度快且咀嚼不细，每顿进食量大，经初嚼混合唾液成食团，吞咽入瘤胃浸泡和软化，食后 30 ~ 60 分钟开始反刍。奶牛饱食后的反刍时间长，且有卧槽倒嚼的习性。一般奶牛每昼夜反刍 6 ~ 12 次，每次持续 40 ~ 50 分钟，每头牛一昼夜需要反刍6~8小时。牛胃分为四室,前三室(瘤胃、网胃、瓣胃)胃壁没有消化腺,第四室(皱胃)是能分泌胃液的真胃。瘤胃最大,占整个胃总容量的75%~85%。也有的人把瘤胃和网胃称为前胃,前胃是个连续发酵器,有着大量的纤毛原虫和细菌,每毫升瘤胃液含纤毛原虫20万~200万,每克瘤胃内容物含细菌500亿~1 000亿。前胃自身不分泌蛋白质分解酶,水解蛋白酶则来源于细菌和纤毛原虫。瘤胃具有大量贮积、加工、发酵食物的功能,饲料中有70%~80%可消化干物质和50%粗纤维在瘤胃内消化,产生挥发性脂肪酸、二氧化碳、氨基酸合成蛋白质、B族维生素和维生素K,从而瘤胃成为一个庞大的、高度自动化的"饲料发酵罐"。

7. 养殖奶牛常用参数

(1)牛乳的主要成分:乳脂肪3.5%,乳蛋白3.1%,乳糖4.9%,矿物质0.7%,水分87.8%。

(2)奶牛的排乳时间:奶牛在刺激作用下45~60秒即排乳,长达7~8分钟。

(3)奶牛的干奶期和泌乳期的时间:干奶期一般为2个月,泌乳期一般为305天,但有时要根据奶牛的实际情况适当增减。

(4)奶牛的配种月龄:青年黑白花奶牛一般在16~18月龄,体重达到成年牛的70%(即350~380千克)较为合适。现在有的在14月龄奶牛体重达标就配种。经产母牛产仔后第二个发情期，为产后 1.5 月龄配种较为合适，高产奶牛延长至 70～90 天。

（5）奶牛能量单位：我国乳牛饲养标准采用泌乳净能，并用奶牛能量单位（NND）表示。1NND = 3 138 千焦产奶净能。

（6）奶牛常用生理指标：肛温平均 38.5 ±0.5℃；心率60～70次/分；呼吸频率成年牛为 12～16 次/分，犊牛 30～56 次/分。

（7）奶牛唾液分泌量：一头奶牛每天可分泌 130～150 升的唾液，pH 8.5，呈碱性，内含 1.5 千克的碳酸氢钠，主要用于中和瘤胃发酵产生的大量酸。

二、奶牛饲料配制技术

1. 奶牛常用饲料原料

如表 1 所示。

表 1　奶牛常用饲料原料

饲料原料	营养特性	最大使用量
大豆粕	>44% CP,适口性好	不限量
玉米蛋白粉	>40 或 >60% CP	25% 精料
玉米粕	>20% CP	6 千克头/天
DDGS	高可消化氨基酸,可消化 NDF	20% 精料
棉籽	高能量,蛋白质,可消化 NDF	5 千克/头・天
棉籽壳	高可消化 NDF	2.5 千克/头・天
啤酒(麦)糟,湿	高可消化氨基酸,可消化 NDF,适口性好	10 千克/头・天
啤酒(麦)糟,干		25% 精料

（续表）

饲料原料	营养特性	最大使用量
麦麸	高磷，可消化 NDF，适口性好	20%精料
稻糠，高脂肪	高脂肪，降低乳脂率	15%精料
甜菜粕	高可消化 NDF	25%精料
糖蜜	高瘤胃可溶性糖，适口性极好	1.5千克/头·天

2. 奶牛全混合日粮(TMR)

奶牛日粮是指奶牛在24小时内吃进的饲料总和。通过奶牛日粮能了解奶牛一日获得的各种营养成分含量。通过对日粮组成的分析，可以很快找出存在的问题。一个能满足奶牛生理需要的、各种饲料搭配合理的奶牛日粮，通常称为“平衡日粮”。

奶牛全混合日粮(TMR)是根据奶牛不同生长发育阶段和泌乳阶段的营养需求和饲养目的，按照营养调控技术和多饲料搭配原则，设计出的奶牛全价营养日粮配方。按此配方把每天饲喂奶牛的各种饲料(粗饲料、青贮饲料、精饲料和各类特殊饲料及饲料添加剂)，通过特定的设备和饲料加工工艺均匀混合而成。奶牛全混日粮(TMR)技术保证了奶牛所采食的每一口饲料都是营养均衡的，能充分发挥奶牛泌乳的遗传潜力和繁殖力，有利于产奶量的提高。生产实践证明，使用奶牛全混合(TMR)日粮技术饲喂的奶牛泌乳曲线稳定,产后泌乳高峰期持续时间长并下降缓慢,可提高产奶量5%~15%,提高乳脂率0.1%~0.2%。奶牛全混合(TMR)日粮技术能够保证饲料的营养均衡性,精粗饲料混合均匀,改善饲料适口性,避免奶牛挑食与营养失衡现象,特别是能提高粗饲料的转化率(将干草、秸秆、青贮玉米等粗饲料合理切短、破碎揉搓,有利于奶牛的采食、消化)。将日粮中的碱、酸性饲料均匀混合,加上奶牛大量的碱性唾液,能有效控制瘤胃pH在6.4~6.8,增强瘤胃代谢机能。

(1)饲喂TMR:为了防止奶牛消化不适,全混合日粮各组分变化不超过15%。与泌乳中后期奶牛相比,泌乳早期奶牛更容易恢复食欲,产奶量恢复也更快;产奶潜力高的奶牛应保留在高营养全混合日粮组,而潜力低的奶牛移至较低营养全混合日粮组;采用平衡全混合日粮对新产牛进行催奶,允许替换掉体重减轻的泌乳后期奶牛;进行全混合日粮组变动时,应一次移走尽可能多的奶牛,白天移群时应略微过量喂料,夜间应在活动力最低时移群,以减轻刺激;不仅根据产奶量来分群,还应考虑奶牛的身体状况得分、年龄及饲养状态。高产牛保留在高营养全混合日粮组的时间长一些,补充身体损耗;若全混合日粮中纤维素与能量平衡良好,则将新产牛直接移至高营养全混合日粮组。使用“围产期”或

"泌乳后期"的干奶牛日粮,帮助减轻该时期日粮及环境变化造成的压力。

如果玉米青贮料占饲草的30%以上,每天应投喂日粮2次,湿热天气下尤应如此。每天投喂3~4次全混合日粮,有利于促进奶牛采食。全混合日粮供应量控制在剩料为5%~10%。对饲槽扫出物进行分析,然后重新配制其他产奶组或新产组的基础混合料。刚开始投喂全混合日粮时,不要过高预计奶牛的干物质采食量,这会使日粮中的营养浓度低于需要值。通过将采食量计为比估计值低5%,并将喂料水平提高到剩料量为5%,来平衡全混合日粮。对于舍栏环境差、饲喂全混合日粮的牛群,应提高日粮的能量浓度(使用更好的青贮料或油脂,不要增加谷物用量)至7.48兆焦净能/千克干物质,以适应采食量的下降(体重的3.5%)。将非纤维碳水化合物和中性洗涤纤维在日粮总量中所占比例分别降至30%和25%。对于大型奶牛场,可根据不同需要将干奶牛分养在两处饲养区,假设一天喂两次,每头牛最少需要0.07立方米的全混合日粮,全混合日粮混合机的生产能力可满足该需要量的60%~70%,混合时间建议为3~6分钟。在饲料出口处使用磁铁。必须准确称量,每周测定一次饲草的含水量。一些厂家的混合机上附有刀具,可以使用未经切段的长干草。在产奶量超过10吨的牛群中使用单组全混合日粮系统,可以简化喂料操作，节省劳力，改善奶牛活动，增加产奶潜力，需要使用专用配料。对于大多数牛群，建立2个产奶牛TMR组和一个干奶牛TMR组是十分有效的。

相似状况的奶牛分在同一组，能最大限度发挥TMR饲喂的作用，要根据奶牛的营养需要分组。在同一小组中，需求量低的奶牛将会营养过剩，而需求量高的奶牛营养摄入量则少。同一小组中的奶牛同质性越好，则组内奶牛营养需求量差异就越小，有必要对组内的产奶量适当加以调整，即目标产奶量。例如，一组TMR配制时应在实际产奶量加30%，二组TMR配制时应在实际产奶量加20%，三组TMR配制时应在实际产奶量加10%。这种以产奶量为目标而配制的日粮，能满足泌乳早期奶牛的营养需要，并使泌乳后期的奶牛恢复体膘。

(2)TMR分组：分组饲喂注重奶牛产奶量的高低，但体膘、年龄和怀孕阶段也应考虑；为头胎奶牛单独配制日粮，由于减少了奶牛间的竞争，从而提高了奶牛的干物质采食量(DMI)和产奶量；在大型奶牛场，空怀奶牛单独分组饲喂有利于牧场管理；在泌乳后期，体膘较差的奶牛仍应关养在高产组，以恢复体膘；每一组内奶牛的产奶量差异不应超过10千克；如果奶牛年单产超过9 000千克，则可考虑配制一种TMR日粮；各小组的营养浓度差异不应超过15%，以免奶牛消化不良；预期泌乳后期奶牛转群时，产量下降幅度比泌乳早期要大；当对TMR饲喂小组进行改变时，每次转群的奶牛越多越好，并且最好在晚上转群，因为晚上活动较少，能减少应激。

(3)错误的TMR饲喂方法：

①混合过度。在所有饲料原料加入后，3~10分钟混合完成。混合过度将造成各种饲料成分的分离(尤其是当混合饲料都是干的)、缩小饲料尺寸和过分研磨饲料，导致奶牛消化不良、真胃移位、蹄叶炎和乳脂率低下等。

②不经常测试饲料水分。TMR饲喂使得奶牛吃下去的每一口饲料的成分相同，如果没有测定粗料所含水分，则会造成含量误差。如含50%水分的22.7千克日粮，干物质为11.35千克，如果饲料含水分达到60%，则意味着干物质只有9千克，导致粗纤维严重不足。一些成功的奶牛生产者，每周检测一次青贮饲料的水分。

③没有控制自由采食的粗料。如果TMR中缺乏有效的粗纤维，要单独补饲2~3千克干草。如果奶牛不吃干草，日粮仅为TMR饲料，含有的16%~17% ADF会使奶牛酸中毒。如果一头奶牛吃了过多的干草，则影响TMR的摄入量，导致过瘤胃蛋白和能量摄入量不足。

④过分添加补充料。新的TMR用户不相信奶牛能

从 TMR 中获取全部蛋白质及能量,有过分添加补充料的倾向。TMR 再次变成了不平衡的饲料,使奶牛吃下去的饲料与日粮报告中的不一致。

⑤粗料喂量过少。这一错误往往出现在奶牛无法吃光日粮的时候。生产者认为精料和蛋白类饲料是重要的,就想方设法确保奶牛吃到足够的精料和蛋白补充料,减少粗料的喂量,以便奶牛能吃完所有的饲料,这可能是 TMR 用户经常犯的错误。平衡 TMR 的最大优点在于,奶牛吃下去的每一口饲料都含有适量的粗料和精料。如果奶牛吃不下配合的饲料,则千万不要只减少其中的一种成分,而应按比例减少各种饲料成分。奶牛营养配制人员应重新配制日粮,以便更符合实际的干物质采食量。

⑥混合过程中的错误。如果饲料在混合时出现错误,将造成食槽中的饲料与配制的日粮不同。避免方法是定期对混合后饲料进行采样分析。

3. 提高奶牛干物质采食量

能否最大限度地提高产奶量及牧场的经济效益,取决于奶牛能否吃到足够多的饲料干物质。大多数奶牛"饱"了以后就不再吃料,要设法促使奶牛再吃 1~2 千克干物质,提高奶牛群的产奶量。

(1)每天食槽的空置时间不应超过 2~3 小时,饲料的各种成分要均衡,而不应仅仅增加粗料或精料。如果奶牛剩料较多，则应重新配制日粮并提高日粮浓度，以确保奶牛的营养摄入量。

(2)饮水。饲粮干物质含量为50% ~70%时，自由饮水量无明显差异；饲粮干物质从50%降低到30%时，自由饮水量降低33千克/日；草场放牧的奶牛，总水分摄入量的38%来自饮水。高产奶牛按每千克产奶所需要的饮水量少于低产奶牛，但因产奶量高，自由饮水的总量仍然高于低产奶牛。奶牛挤奶后需要立即饮水45 ~67升，水槽应设置在离饲槽30米以内。每20头奶牛配置1只水槽。定期检查饮水槽中的水质，若细菌数量很高，应考虑氯化消毒。水槽长度按牛头数而定。避免水槽带电，如果一头奶牛每次喝水时得到电刺激，则不会喝水。水温在15 ~18°C最佳。

(3)尽量减少吃料时的拥挤现象。每头奶牛应有45 ~70厘米宽的食槽空间。饲料在食槽内分布均匀。在拴系式牛舍颈链应有足够的长度，否则吃料时颈链会勒紧牛脖子。在散放式牛舍牛头架不要卡得太紧，应使奶牛吃料时处在舒适位置。奶牛有时会玩弄饲料，应检查一下饲料中是否有泥块、植物茎等。剩料应为喂料的3% ~5%。奶牛喜欢吃新鲜料，饲料应凉爽且有甜香味，如果饲料在食槽中发热，则很快就会变酸、发霉，考虑增加饲喂次数。每天2 ~3次拨弄饲料，每次拨弄饲料能增加1千克的饲料摄入量。每天应清理剩料并喂青年母牛，而不是干奶牛。

(4)饲槽设计和食槽表面。奶牛低头采食时，会延长采食时间，减少饲料浪费，分泌更多的唾液对瘤胃进行缓冲。食槽光滑有助于奶牛舔净很细的精料，清洗(理)食槽变得容易。食槽表面粗糙会造成奶牛舌头溃疡，导致采食量下降。

(5)减少热应激，有助于增加干物质采食量。在炎热的夏季，如果奶牛饲喂区在室外，则应搭凉棚。喷淋系统可有效降低奶牛的体表温度，尤其是气温超过30℃时更有效。夏天60%的饲料应在晚上饲喂，增加饲喂次数。

(6)健康的奶牛产奶多。日粮应配制平衡，确保奶牛瘤胃健康。在白天，至少应有40%的奶牛在反刍，否则，表明奶牛存在健康问题。定期进行肢蹄修整，可改善奶牛的运动能力并进一步提高采食量。

(7)日粮营养成分的平衡。日粮中适当的可溶性蛋白质、降解蛋白质，可提高瘤胃内纤维的消化率及采食量；瘤胃蛋白质含量不足会影响粗纤维的消化吸收并减少采食量，日粮中蛋白质含量过高会降低能量的利用效率，降低采食量。为了保证足够的采食量，酸性洗涤纤维(ADF)应保持在19%～24%，中性洗涤纤维(NDF)为28%～32%。为了满足有效的纤维素需求量，促使瘤胃功能的正常发挥，日粮粗料中NDF应达到

65% ~75%,混合料中的 NDF 至少应达到25%。如混合日粮中的水分含量大于50%,就会影响采食量。含水量高的饲料(包括青储饲料和蔬菜类)易发酵,造成适口性下降,进一步影响采食量。

(8)原料质量和饲喂环境。玉米或谷类青贮料的pH(酸度)应低于4.2,豆科青贮的 pH 应低于5.0。青贮料 pH 偏高(酸性不足)青贮料容易腐败,会恶化饲槽环境。每天喂料3小时,每头奶牛应有60~75厘米宽的饲槽位置;每天清扫饲槽,尤其是天热时;将剩料清扫干净,夜间保持一定的照明。

4. 奶牛日粮配方原理

(1)将奶牛群划分高产群、中产群、低产群和干奶群,然后按照《奶牛饲养标准》为每群奶牛配制日粮。根据每头牛的产乳量和实际健康状况适当增减喂量,对个别高产奶牛可单独配合日粮。散栏式饲养奶牛时,也可按泌乳不同阶段配制日粮。

(2)日粮配制必须以奶牛饲养标准为基础,充分满足奶牛不同生理阶段的营养需要。

(3)饲料尽可能多样化,提高日粮营养的全价性和饲料利用率。日粮应有足够的容积和干物质含量。

(4)日粮中纤维含量应占日粮干物质的15% ~24%,否则,会影响奶牛正常消化和新陈代谢过程。日粮中粗饲料占40% ~70%。

(5)精料是奶牛日粮中不可缺少的营养物质,喂量根据产奶量而定。

(6)配合日粮时必须因地制宜,充分利用本地的饲料资源,以降低饲养成本,提高生产效益。

5. 制作奶牛青贮饲料

先挖好青贮窖,圆形或长方形均可,四周用砖砌好,再用水泥抹光底部及四周。四角做成圆弧形,以便将贮料压紧。窖高出地面20厘米以上,防止雨水流入。最好准备两个窖交替使用。将各种牧草和秸秆一并铡短,含水量65%~70%时填装,装一层,踩实一层,压得愈紧愈好。全部装好后压实封严,确保不漏气。秋季经一个多月、冬季两个月后,便可用来饲喂奶牛。饲喂时要由少到多逐渐添加,每日喂多少取多少,盖好塑料布。

根据青贮料来设计青贮池。每天每头奶牛设计需青贮料20千克,全群按365天备粮,也可按13个月储备;每立方米青贮饲料按500千克计算(实际容重650~700千克),可以确保粗饲料喂量。青贮池不要设计的太宽,会造成每天掘进量太少,青贮氧化严重,浪费严重。根据饲喂量,每天掘进不少于0.5米,就可以计算出青贮池宽度。青贮池堆料高度一般为2~2.5米,如果采用机械取料,高度可设计为2.5~3.5米。青贮池长度在60~100米,要根据地形来确定。在多雨的地方青贮池要设计成地上式,可以是现浇钢筋混凝土、毛石砌筑、砖砌的。

在适当的生长期收割青刈作物或粗饲料，放进青贮窖里。填充饲料时为减少氧气量，要注意把握饲料的水分含量、切割大小、填充压实程度，可以快速转换成厌氧性(不需要氧)发酵，不会发霉。主要产生乳酸，还会合成若干硝酸和酒精，在完全与空气隔绝的状态中，能长期贮存饲料而且不会变质(图2)。

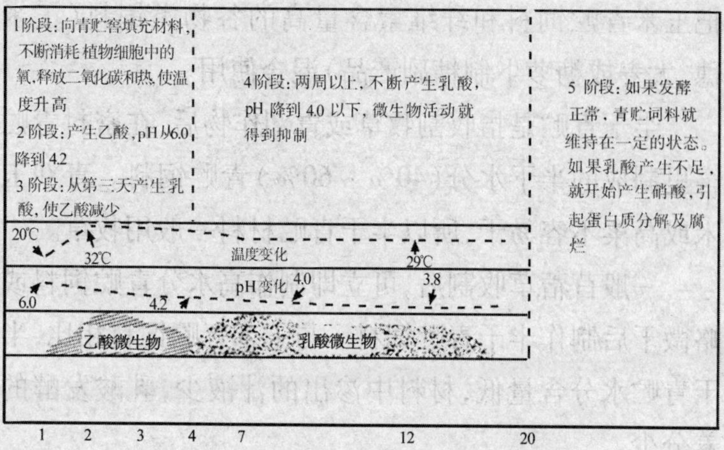

图2 青贮饲料的制作及发酵过程

作为粗饲料，玉米青贮饲料中干物质量的40%～50%是粮食，营养价值高。如果自由供给其他营养素和玉米青贮饲料，可维持奶牛生产20千克牛奶所需的能量。对低能力的牛或干乳期牛、育成牛自由供给青贮饲料，容易引起肥胖(限制到每100千克体重干物质1.5千克)。青贮蛋白质含量低，要补充。奶牛摄取的总饲料中纤维素应占15%～17%。以玉米粮食和青贮饲料作为粗饲料，纤维素含量低于11%，会引起消化障碍或乳脂肪减少。

5月龄以前的犊牛不能饲喂玉米青贮饲料；对于乳期中的奶牛，玉米青贮饲料供给量限制在16～18千克；把玉米青贮饲料和豆科牧草作为干物质标准，以5∶5混合供给，可达到最佳的饲养效果；为维持纤维素标准，应把玉米青贮饲料和纤维素含量高的谷物类饲料（玉米穗、大麦或糖萝卜制糖副产品）混合使用。

半干青贮是指收割牧草或青刈作物后，在密封青贮窖里制成的半干水分（40%～60%）青贮饲料。青刈玉米或高粱不容易干，所以半干青贮材料一般用牧草。

一般苜蓿草收割后，可立即制作高水分青贮饲料或略微干后制作半干青贮饲料。与玉米青贮饲料相比，半干青贮水分含量低，材料中渗出的汁液少，乳酸发酵的养分少。

三、奶牛繁殖技术

1. 奶牛发情鉴定方法

通过奶牛发情鉴定,可以适时配种,提高受胎率。要根据发情奶牛的发情表现,结合直肠检查进行综合判断。

(1)外部观察法:主要观察奶牛的食欲情况和外阴部变化(包括充血肿胀情况、黏液量和黏性、排尿情况等)。精神方面包括兴奋状态、鸣叫、爬跨或接受爬跨等。观察发情一般选在早晨和傍晚,奶牛运动时进行。

(2)直肠检查法:检查人员将手伸进奶牛直肠内,隔着直肠壁触摸子宫和卵巢上的卵泡,了解发育情况,以确定配种适期。检查时将奶牛保定好,助手把牛尾拉向一侧,用消毒水将肛门周围洗净并擦干;检查人员把手指甲剪短磨圆,戴好长臂手套;手臂浸水或涂上肥皂,手指并拢成锥形,缓慢插入肛门,掏出直肠内粪便。在手臂前伸时,若遇奶牛努责,不可强行伸入,待肠壁松弛后再向前伸。若遇肠壁紧张并收缩成空腔时，可用手指压迫肠壁，待松弛后再进行；手臂伸入直肠后，手向下压，首先找到子宫颈，依次触摸子宫体、角间沟、子宫角、左右卵巢。检查子宫的形状、质地变化（即软、硬、弹性）等。触摸到卵巢时，用食指和中指夹住卵巢，感觉卵巢的大小和形状，再用拇指检查卵巢上卵泡的变化，卵巢上的卵泡发育一般可分为4期。卵泡出现期，卵巢稍大，触摸有软化点，表明奶牛已开始发情。卵泡发育期，卵巢增大，卵泡呈小球形，触摸有波动感，奶牛发情征状明显，爬跨或接受爬跨。卵泡成熟期，卵巢再不增大，卵泡有一触即破之感，奶牛发情征状已不明显。排卵期，卵泡破裂排卵，可触摸到排卵凹陷，排卵后6～8小时黄体形成，发情征状消失。直肠检查时，要详细记录卵巢的位置、大小、质地，卵泡的大小、位置、波动情况等。在发情期一般检查1～2次即可，以确定配种时间。

2. 奶牛人工授精技术

人工授精技术是技术员采取公牛精液，经过检验及稀释处理，注入母牛的生殖道内，以达到与自然交配同样繁殖目的。种公牛要经过严格选拔，因此，后代乳牛的产乳量、乳质及体形的改良效果较快；避免因自然交配引起的性病感染；人工授精必须配合完整的配种记录，对奶牛场管理有益；因精液价格合理，奶农可视本身的条件及需要，选用最适合的公牛精液，经济效益最大化。

精液注入的正确位置，应在通过子宫颈口的内缘与子宫体的交会处。精液勿深部注入子宫角，以免不慎伤及子宫内膜，影响受胎。

(1)人工授精操作时要戴上一次性塑胶手套，以免传染疾病。

(2)母牛外阴部用水清洗，再用纸巾擦拭干净。

(3)用精液专用的圆形剪，剪开经解冻的精液管末端，将精液装入注入器内。

(4)注入器以 30°～45°向上插入，调整水平位置。配合另一只手在直肠内的感觉动作，将注入器送达子宫颈的前端开口处。

(5)调整直肠内手的位置，配合注入器进入子宫颈开口。切忌将注入器乱戳，寻找开口。

(6)子宫颈内有 2～4 个环状皱壁，当注入器通过每一个皱壁时，可以感觉出来。在发情期的母牛，子宫颈分泌黏液，注入器容易通过。如果遇到阻碍时要有耐心，小心动作。偶遇有牛只拱背，排粪或直肠成为空腔不能固定时，可稍后再做。

(7)注入器到达正确位置时，将精液注入。注入精液的速度不可过快，3～7 秒为宜。注入后可略微按摩一下阴蒂，可提高受胎率。

(8)保持良好的习惯，将手套倒卷，包入注入塑胶肠管，打结后丢入垃圾桶。

3. 奶牛合理配种

(1) 饲养管理要合理：为了保证奶牛的正常繁殖，必须满足母牛对蛋白质、维生素及钙、磷等矿物质的需要。冬春两季青绿多汁饲料和优质干草必须满足供应，适时补给盐、骨粉和清洁温水，防止犊牛营养不良。在犊牛出生后，给予足够的鲜奶。育成母牛长期营养不足会造成初情期推迟，影响受孕。母牛产后恶露未净之前，不可多喂精料，以免影响生殖器官复原和产后正常发情。运动和日光浴对奶牛生长发育，提高生殖机能有重要作用。牛舍需冬暖夏凉、空气流通、排水良好，以保证奶牛健康。

(2) 青年母牛要适龄配种：正确掌握母牛初配年龄，不仅能发挥个体的生产性能和繁殖能力，而且对后代牛也有重要作用。一般母牛初配为 16 ~ 18 月龄，体重 350 千克。母牛配种过早不仅影响本身的生长发育，而且所生犊牛出生体重小、体质弱，易发生难产。

(3) 了解发情规律，掌握配种时机：母牛产后 45 ~ 60 天开始第 1 次发情，发情间隔一般为 18 ~ 21 天，发情多在午前。发情时母牛阴户肿胀、柔软而松弛，阴唇黏膜充血，潮红有光泽，阴户内流出黏液。最初流出的黏液为清亮透明样，可拉成丝，逐渐变白而浓厚，具有牵缕性，有时带有少量的血样分泌物流出。母牛比平时烦躁，喜哞叫，不安静，愿接近其他母牛或公牛，并主动爬跨。有时伴有滴尿或发出低短的呻吟。母牛发情时食欲减退，产奶量明显下降。青年母牛比老年母牛的性兴奋强烈，但不尽相同，必须注意观察，有必要请技术员进一步做直检。一般“一爬一跑，配种过早”、“一爬一扭，递管就有”和“老配早，少配迟，壮中间”的经验值得借鉴。

（4）做好冷配，避免乱配：为了提高优秀种公牛的利用率，加快和扩大优良遗传性状，坚决避免乱配。对不适于作种用的公牛，应早去势或分开管理，防止乱配和近亲交配等。使用冷冻精液时，应注意公牛的品种、名号及批号，做好记录，解冻后精子活力不应低于0.3，每粒、管含直线运动的精子数应不低于1 500个。

（5）避免空怀：造成母牛空怀的原因很多，主要分先天和后天两方面。先天性不孕一般是母牛生殖器官不正常，子宫颈位置不正，宫颈闭锁，阴道狭窄，两性畸形，幼稚病、异性孪生的母犊等，应及早淘汰。后天性不孕则是由于饲养管理不当和生殖器官患病所致。如技术员不按操作规程输精，输精器具、母牛外阴部消毒不严格，易患子宫内膜炎、阴道炎等。对患有疾病的母牛要抓紧治疗，及时改善饲养管理水平，减少经济损失。

（6）做好早期妊娠及保胎：母牛配种后40～60天不再发情，通过直检可认定已妊娠。为了防止早期胚胎死亡和流产，必须加强饲养管理，补饲微量元素，如在食盐内掺入碘、硒、铜、钴、锰、钙、磷等。同时注射药物保胎，于妊娠后2个月注射黄体酮150毫克或亚硒酸钠维生素E 20～30毫升。

(7)抓好膘：母牛秋季发情配种在8～10月。配种期奶牛应具有中等膘情，过肥或过瘦都不利于配种。对过肥牛要减少精料量，对过瘦牛则要补饲。如大麦30%、小麦20%、黄豆10%、玉米40%，混均，用清水浸泡4～6小时磨浆。然后添加以上饲料总量8%～10%的豆饼，5%的糠麸，1%的食盐，3%～5%的骨粉。早晚给牛补喂两次，每次8～10千克。适当延长放牧时间，夜间用青草喂牛，使母牛在短期内达到膘情，发情后配种。

(8)适时配种：母牛发情后兴奋不安，食欲减少，阴部潮红、充血、肿胀，并有白色透明状黏液流出，触摸牛的臀部时牛尾高翘，安静不动，此时为最佳配种时机。发情末期至发情结束后10～15小时母牛开始排卵，此时适宜配种。

(9)催情：对不发情的经产母牛，可注射苯甲雌二醇20～25毫克，乙烯雌酚25～30毫克或二酚乙烷40～50毫克，即可发情配种。用已怀孕6个月以上的健康孕妇尿，以清晨第一次排出的尿液100毫升，加入0.5%的碳酸液3毫升，混合煮沸过滤，制成催情剂，对空怀母牛进行皮下注射，隔日1次，每次35～40毫升，连用3天，母牛即可发情配种。用益母草30克、南瓜叶25克、红花15克混合煎水，给母牛内服。用老枣树外皮内层0.5千克、红糖1千克，加水3千克煎水，给母牛早晚两次内服，连服2～3天，即可发情配种。

4. 产后奶牛护理

母牛在分娩过程中消耗大量体力，抵抗力下降，一段时间内子宫松弛，子宫颈内开张，恶露排出不畅，给病菌繁殖和侵入子宫创造了条件。因此，对新产牛一定要精心护理，促进早日恢复健康，减少产后疾病的发生。

（1）母牛分娩后应尽早赶起站立。这样有利于子宫复位，减少出血，防止子宫脱出和产后麻痹；及时发现母牛异常情况，治疗处理；有利于母牛尽快舔干胎儿身上的羊水，促使犊牛尽快站立。用温消毒水擦洗母牛后躯外阴部等部位，防蚊蝇；褥草及时更换，搞好牛床及产房的卫生，预防外阴道感染。

（2）产后母牛应及时饲喂产后汤：益母草膏250克，红糖0.5千克，烧酒0.25千克，磷酸氢钙300克，加温水冲大半桶（约10千克）饲喂。这样有利于母牛恶露排净和子宫康复，也可减少产后瘫痪。

（3）一般母牛产后2～8小时胎衣自动排出，如产后4～6小时未见胎衣动静，可注射缩宫素，同时可加强子宫收缩，尽快复原，减少出血等。

(4)对新产牛应加强观察,看有无努责和出血,及时处理。再检查产道,注意双胎和防止子宫外翻。

(5)母牛在产后 0.5 ~1.0 小时挤第一次乳,要注意观察母牛乳房健康及乳汁的情况;母牛产后初乳是否分 3 ~4 天挤净(头天挤 1/3,第二挤 1/2,第三天挤 2/3),还是第一次就挤净,关键还是看新产牛的健康体膘如何。如果健康体膘良好,一次性挤净也可以,有利于干奶期间乳房内细菌的充分排出,有利于乳腺组织的充分启动。一次性挤净初乳,并不影响产后瘫痪。

四、泌乳期奶牛养殖技术

1. 泌乳早期奶牛饲养管理

泌乳早期是从产后至70天，当产奶高峰出现时牛的体重下降（增加额外能量）。蛋白质对达到泌乳高峰非常重要，应限制添加脂肪，以维持干物质的采食量。泌乳早期产奶量可占整个泌乳期的50%。此期奶牛乳房已经软化，体内催产激素的分泌量逐渐增加，食欲完全恢复正常，采食量增加，乳腺机能活动日益旺盛，产乳量迅速增加至峰值，提高产乳量与减少体内能量负平衡的程度是此期的主要矛盾。在饲料搭配上要限制能量浓度低的粗饲料，增加精饲料量。料奶比从0.4:1增加到0.5:1，保证奶牛充分发挥产奶潜力，达到高峰并维持较长时间。

奶牛产后3周干物质采食量逐渐增多，在90～110天达到最大，往后递减，在干奶期达到最低值。奶牛的产奶高峰一般出现在产后70天，早的在60天。也就是说，奶牛的干物质采食量落后于产奶量的增长，产后奶牛存在能量负平衡。为了实现高产奶性能，奶牛必须动用能量储备（体膘），所以说产前奶牛膘情的好坏将影响下一泌乳期的产奶量高低，泌乳后期和干奶期的饲养非常重要。

通常在奶牛产后要大幅度提高精料喂量，以达到“催奶”目的，但常会导致瘤胃积食和瘤胃酸中毒，还会造成乳脂率下降、干物质采食量增长速度慢，奶牛体重恢复慢。对于产后牛应逐渐增加精料量，观察产后牛对粗饲料的采食能力，精饲料量占奶牛采食量的55%～65%。尽可能准确估算出奶牛粗饲料采食量，精饲料量不能超过这一估算值的1.35～2倍。

对泌乳初期奶牛应饲喂高质量的粗料，以增加干物质的采食量，奶牛体膘评分为2.5；逐渐增加精料喂量（每天最多增加0.5千克），提供瘤胃未降解蛋白来源，以满足奶牛赖氨酸和蛋氨酸的需要量，尽早达到泌乳高峰；如果精饲料用量较高，需补充缓冲剂，维持瘤胃正常pH，使奶牛采食量恢复到最佳状况；如果奶牛能量负平衡很严重，考虑提供过瘤胃脂肪，每天限制在0.5千克。

泌乳早期改善奶牛干物质摄入量，奶牛在分娩当日就进食；缓冲剂的使用量要占混合精料的1.5%或200～250克/头·天；注意干奶牛日粮，使奶牛能在分娩时大量采食；喂最优质草料，长度合适。奶牛产后10

周干物质摄入量达到最大，新产牛每2千克牛奶，必须采食1千克干物质。新产牛在泌乳头70天体重会减轻，但不应超过55～60千克。新产牛干物质摄入量达到最大，是缓解能量负平衡，避免奶牛过多失重的关键措施。新产牛峰值产量不高或峰值产量延迟，主要原因是奶牛食欲差。干物质采食量上不去，主要是因为围产前期奶牛的日粮过渡有问题，没有逐渐增加，新产牛日粮的粗蛋白含量太低。当然，奶牛体细胞高、乳房受到感染也是重要因素。

2. 重视奶牛泌乳高峰

奶牛分娩后6～10周达到最高泌奶量，称为高峰产奶量。若出现得太早，不一定是真正的泌乳高峰，预示奶牛出现能量负平衡，本胎次产奶量并不会很高；若出现得太迟或根本没有泌乳高峰，说明奶牛获得的能量和蛋白质不够，也会影响本胎次的产奶量。因此，在泌乳早期保持日粮的能量和蛋白质浓度很重要。要想达到真正的泌乳高峰，必经有一头体膘正常的干奶牛，有一套严密细致的围产期饲养操作方案，有一个营养均衡、精粗合适的日粮配方。高峰产奶量与总产奶量的关系为，高峰产奶量每增加1千克，总产奶量增加200～225千克。不能预期达到高峰产奶量，可能是饲粮粗蛋白质含量不足；达到高峰产奶量，但持续性不强，要检查日粮中的能量含量；高峰产奶量低，持续量差，很可能蛋白质和能量的含量都不足。达到峰值产奶量后，泌乳持续力一般在 90% ~97%。奶牛的高峰产奶量可维持 1 个月。泌乳持续力低，表明日粮能量低，或者挤奶管理有问题，如乳腺感染、体细胞高。头胎牛的高峰期产量是成年牛的 70% ~75%，二胎时达到成年牛的 90%。通常是奶牛产后 4 ~10 周达到泌乳高峰，受品种、营养和产奶潜能等因素影响。高产牛比低产牛晚到达泌乳高峰(56 ~70 天)，高峰产量越高，总产量越高。初产牛的高峰量应占经产牛的 25%。产奶高峰过后，新产牛将每天减产 0.2%，较年长的母牛将减产 0.3%（或每 10 天减产 3%）。高遗传潜质的乳牛达到高峰较迟，但高峰产奶量较高，更持久。泌乳高峰期额外增加10% ~20% 的精饲料，尤其是第一、二胎的奶牛。

3. 泌乳中期奶牛饲养管理

泌乳中期为奶牛产后 71 ~220 天，称为泌乳平稳期。奶牛的泌乳量开始减少，采食量大，体重增加快。如果产奶量降低速度太快，说明营养不足。高产牛的泌乳曲线稳定或每个月以小于 6% 的速度下降，一般生产牛降幅为 10% 左右。泌乳高峰过后，即应按体重和产奶量进行饲养。这时产奶量开始逐渐下降，每个月产奶量以 5% ~8% 下降，即为稳定下降的泌乳曲线。如果饲养疏忽，下降率则达 10% 以上。这一时期饲养管理的重点是力求产奶量缓慢下降，在日粮中应逐渐减少能量和蛋白质含量，即适当减少精料量，增加青粗饲料量，让牛尽量多地采食品质好、适口性强的青粗饲料。此阶段乳脂、乳蛋白率开始缓慢回升；奶牛采食量达到最大，能采食更多的粗料，但对日粮变化的敏感性仍很高；体膘开始恢复，体质增强，但需要更全面的营养；由于在泌乳初期采食了大量的精料，高产奶牛患肢蹄疾病（跗关节炎和跛行），需要整修牛蹄；大多数奶牛怀孕，要注意保胎。

对于日产奶量高于35千克的高产奶牛，不论是平日还是夏季，均应添加缓冲剂。夏季还应加碳酸钾或脂肪粉（含有脂肪80%，乳糖、酪蛋白、淀粉、水分各5%，另有抗氧化剂），以缓解高产奶牛热应激。夏季为减少炎热对母牛食欲的影响，可在凌晨3～5时气温最低时饲喂1次，以提高进食量，防止泌乳旺盛的奶牛动用体脂产奶。

提供全面的营养，确保牛奶产量缓慢下降。遵循“料跟奶走”的原则，缓慢减少精料量。在泌乳中期，奶牛对日粮的变化仍具有高敏感性，一旦产奶量下降则不易恢复，更要慎重。随着精料量的减少，易造成矿物质、微量元素、维生素的缺乏，应注意补充；日粮的蛋白质水平对维持产奶量很关键，要保证足够的蛋白质供给量（此时由于干物质采食量的增加，能量易满足；相反，由于精料的减少，蛋白质易缺乏）。

4. 泌乳后期奶牛饲养管理

产犊后 221 ~ 305 天为泌乳后期，母牛已进入妊娠中后期，对营养的需要包括维持、泌乳、修补体组织、胎儿生长和妊娠沉积等 5 个方面，奶牛对养分的需要仍在增加。泌乳初期减去的 36 ~ 50 千克体重，要尽量在泌乳中期和后期恢复，注意不能使母牛过肥。在泌乳后期，奶牛的产奶量明显下降，但相对稳定；乳脂、乳蛋白率处于较高的水平；体膘恢复明显，出现部分肥胖牛；能采食大量的粗料，不需要很多的精料；对日粮变化的敏感性普遍降低；肢蹄疾病得到控制和康复，但乳腺疾病的易感性增加；胎儿明显增大，流产的危险性增加；由于精料量减少，易出现营养不平衡，表现异食癖。

该时期奶牛怀孕，体重增加，产奶量降低（每个月一胎牛降低 6%，二胎牛降低 9%）。这一时期为产犊后 221 天到完全干奶，增重为 0.5 ~ 0.75千克/天，新产牛需要增加营养。此阶段要根据母牛的产奶水平和实际膘情给料。增加干草的喂量，降低瘤胃未降解蛋白的喂量，不再添加脂肪，降低每天的饲料成本，恢复牛的体膘，理想的体膘评分为3.25 ~ 3.75。在停奶以前要进行一次直肠检查，最后确定一下是否妊娠，以便及时停奶。禁止喂给带冰或发霉变质饲料，避免奶牛通过较窄通道时拥挤或滑倒。

做好保胎工作。在提供全面营养的前提下，让奶牛多运动和接受阳光照射。避免惊吓、淋雨、鞭笞、跌滑等人为的不利因素;加强饲料的管理,严防霉变饲料喂奶牛;控制乳房炎。长时间泌乳,奶牛乳腺的损伤日益严重,抵抗力下降,易发生乳房炎,在保证足够的蛋白、微量元素、维生素的前提下,加强环境的消毒和清洁卫生。在泌乳中后期,让奶牛恢复到适当的体膘(3.25~3.75分)。因此,在考虑精料喂量时,除了产奶量外,奶牛体膘是一个很重要的因素。对部分肥胖牛,可控制精料喂量,强制减膘。在泌乳中后期调控牛膘,既经济又健康。在泌乳中期宜修整牛蹄。此时胎儿不大,奶牛抵抗力有所增强,产奶量相对稳定,牛蹄的畸变已经出现,要抓住机会修整牛蹄,这样可以确保奶牛稳产,提高奶牛胎次产奶量10%~15%。由于奶牛在泌乳的中后期食欲良好,应多喂粗料,以降低饲料成本,提高经济效益。

5.奶牛营养需要四要素

根据产奶量、奶成分、干物质采食量和体重损失制定奶牛饲喂计划,以最经济的方式来管理牛群(考虑产奶量与饲料成本),控制好饲料过渡和牛体膘情,减少代谢问题,提高产奶量。

(1)泌乳曲线:母牛分娩后即开始产奶,直到干奶前的整个泌乳期,每个月的泌乳量呈规律性变化。将泌乳量随时间的变化规律用图解曲线方式表示,叫做泌乳曲线。泌乳曲线有不同方式:一种是母牛在不同泌乳月的泌乳规律，另一种是每个月平均日产奶量的升降规律曲线，第三种为每胎的泌乳量随胎次变化的规律曲线。一个正常的泌乳期，不管产奶量的高低，泌乳曲线是一致的；泌乳高峰期出现在产犊后40～60天；头胎产奶量应达到成年产量的75%，或高峰期产奶水平超过成年牛（根据牛奶测定数据可推测出这头牛的产奶潜力）。

（2）脂肪和蛋白质：黑白花奶牛的乳脂率为3.65%，乳蛋白率为3.15%，蛋脂比为0.86∶1。如果乳脂率低于乳蛋白率0.4%（如2.7%乳脂率，3.2%乳蛋白率），瘤胃就会出现酸中毒。如果乳蛋白率低于该品种的平均线，或者在泌乳期间下降，则要查明原因。如低水平的瘤胃发酵（低水平微生物蛋白合成），干物质采食量不足（营养供应不足，不能满足瘤胃微生物和牛本身的需要），蛋白质含量不足或氨基酸不平衡，以脂肪和油作为能量来源（脂肪不能作为瘤胃发酵的能量）。根据奶牛不同生理阶段的营养需要，调配平衡日粮。营养需要（能量、蛋白质）合理，精粗比例合理，确保高质量粗饲料的充足供应，并做到粗饲料多样化。避免长期饲喂单一低质粗饲料，确保按标准添加多种维生素和微量元素，防止饲喂高钙或低钙日粮，钙磷比例要保持平衡。根据奶牛不同个体、不同泌乳量、不同泌乳时期合理调整日粮结构，注意补充矿物质和微量元素，保证奶牛的营养平衡（表2）。

表2　　奶牛所需营养监控项目

项目	正常参考值	监控项目
乳脂肪(%)	≥3.5	粗纤维采食量
无脂固体(%)	≥8.5	干物质采食量和营养平衡
乳蛋白质(%)	≥3.0	能量采食量
乳蛋白质率/乳脂率	0.85～0.88	能量、蛋白质和粗纤维
比重	≥1.0305	干物质或营养平衡

(3)干物质采食量:主要考虑在泌乳早期最大的干物质摄入量,蛋白质平衡日粮,使用质量适合奶牛的粗饲料,淀粉和快速发酵的碳水化合物量及形态,合适的矿物维生素添加剂,精心配制日粮。通过与饲喂系统的结合,采取混合日粮给料法,把粗料和精料混合起来饲喂。至少应含一种带水分的饲料(如青贮、酒糟、潮湿的颗粒)或加水,使饲料的水分含量达30%～35%,不应超过50%,否则会影响奶牛采食量。日粮干物质含量最好为50%～75%。如果饲喂含水量大于50%的青贮料时,水分每增加1%,干物质摄入量将降低其体重的0.02%。这主要是由于较湿的饲料发酵时间长,酸水平升高,蛋白质降解加快。可见,在青绿多汁饲料多的夏季或饲喂青贮较多时,应注意搭配一些干草;在冬春季节,尽量多添加青绿多汁饲料。增加干物质的采食量,能减少奶牛代谢紊乱,减少体重损失,提高繁殖性能。奶牛妊娠后期,干物质的采食量可降低2～4千克。如果干物质的采食量比

预测的要少,就应增加日粮浓度来满足奶牛营养的需要。表3列举了头胎牛和成年牛在产后5周内的干物质采食量。

表3　头胎牛和成年牛干物质采食量

（单位:千克/头·天）

产后(周)	头胎牛	成年牛
1	14	16.6
2	16	19.3
3	17	21.1
4	18	22.3
5	19	23.8

（4）体重变化:高产奶牛在泌乳早期以损失体重来满足高能量的需要,因此,经常对奶牛体重变化进行评定,能够掌握营养供给情况。用1~5分制来评定,体膘降低1分等于损失体重55千克;在泌乳早期,牛体膘损失不能超过1~1.5分(即55~90千克体重);泌乳早期应限制体重损失不超过1千克/天,避免引起繁殖和代谢紊乱问题;干奶前体膘评分应在3.25~3.75。如果干奶牛比较瘦,限制体膘增加0.5分,即干奶期每天增重不超过0.5千克。饲喂计划应维持体膘在2~4分,产犊时期体膘评分必须在3~4分,泌乳中期不得低于2.5分。仔细管理体膘评分,可使奶牛群的代谢问题降到最低。奶牛的体膘对生产性能、繁殖、健康、寿命有重要影响;体膘分数与泌乳早期体组织损失、奶牛健康、繁

殖、产奶量等有关。

要合理配制日粮,增加采食量和干物质摄入量;及时调整日粮的营养和能量浓度;调整粗蛋白和非降解蛋白的水平;提供足够的粗纤维;保证矿物质和维生素的供应。在干奶期,体膘适合的奶牛饲喂中等质量的干草,避免饲喂大量谷类饲料或玉米青贮,防止过肥;体膘差的奶牛则应增加营养和能量供应,在分娩前达到3～3.5分的适宜体膘。泌乳前期奶牛动用体脂维持产奶的营养需要,体重逐渐下降。在TMR(全混日粮)配合上,要在满足最低粗纤维和蛋白质需要的前提下,尽可能提供能量;注意碳水化合物和蛋白质的平衡;按DCAB(日粮阴阳离子平衡)原则补充矿物质和维生素;提高日粮的适口性;增加饲喂次数,散栏饲养的奶牛一天应有20小时可接触饲料,并保持饲槽中有5%的剩料。如果泌乳前期的奶牛在最初2个月内体膘下降超过1分或不到0.5分,都需要修改饲养方案。泌乳中期体膘应恢复至2.5分以上。体膘差的奶牛很可能受孕率也低,应做妊娠检查并及时调整日粮,提高营养浓度,尽快达到适合体膘。如体膘大于3.5分,则进入泌乳后期可能太肥,应减少能量摄入或提早移至低产牛群,避免饲喂高淀粉全价饲料。奶牛进入泌乳后期体膘仍在2.5分以下,表明营养严重不良或患有疾病,应提高日粮营养浓度,及时进行体检,必要时可提早干奶;对患有严重疾病的奶牛，则应考虑适时淘汰(表4)。

表4　奶牛泌乳各个阶段理想的体膘评分

泌乳阶段	理想的体膘评分	范围
干奶期	3.5	3.25～3.75
产犊时	3.5	3.25～3.75
泌乳早期	3.0	2.5～3.25
泌乳中期	3.25	2.75～3.25
泌乳后期	3.75	3.5～4
生长的青年母牛	3.0	2.75～3.25
青年母牛产犊时	3.5	3.25～3.75

6. 不健康奶牛的征兆

状态：奶牛应该表现舒适并且应激最小，走路不平衡或弓背可能表明有跛足或消化问题。

体膘：奶牛体膘可以体现日粮信息，太胖或太瘦都不能充分挖掘潜能，使用体膘评分来评定奶牛体膘。

温度：奶牛正常体温是38～39℃。耳朵发凉可能表明有产褥热或血液循环问题。

肢蹄：蹄踵溃烂或蹄踵增生，主要是由于牛床或牛床垫料问题、牛舍设施调整不当或蹄部感染等所致。

反刍：奶牛每天应该反刍7～10个小时，每个食糜咀嚼40～70次。反刍次数少，表明日粮不合适。

粪便：不应太厚或太薄，或有未消化的饲料。

清秀度：健康奶牛看上去很清秀并且强壮有力，被毛光滑,胃部充实。

颈部:颈部肿胀,主要是由于饲喂围栏太低或调整不当的牛舍设施引起的。

蹄部:健康奶牛站立笔直,吃料时也是。蹄点地或步态变跛是蹄部疾病的征兆,可能由糟糕的日粮、恶劣的地面或缺乏修蹄引起。每次修蹄时都应该检查蹄底,用步态评分来判断蹄部健康状况。

乳房:挤奶后要仔细检查乳头,评价乳房健康。好的乳头富有弹性,肤色自然。乳房不健康多是因卫生问题、劣质挤奶设备或日粮不合理引起的。

瘤胃:瘤胃应该饲料充实,左侧的胃体(从奶牛后方看)是突出的。用手掌向内压瘤胃,蠕动稳定,每5分钟10~12次。

呼吸:奶牛正常的呼吸范围是每分钟10~30次,快速呼吸表明有热应激或痛苦、发热。

7. 奶牛乳脂率下降因素

首先确认奶牛群无实质性的乳脂率下降,是很有必要的。调查牛奶样本的采取是否正确,留意牛奶罐的冷却情况和搅拌程度。乳脂率持续下降10%~20%,即是乳脂率下降。

(1)精饲料供给过多。当供给奶牛的精饲料过多时,会减少唾液的分泌,唾液里含有缓冲物质,到达瘤胃的缓冲剂减少。大量的谷类饲料进入瘤胃里,会产生大量丙酸,不能有效转化为牛奶,反而被积蓄脂肪组织利用,致使奶牛过肥。过分摄取谷物饲料,乳脂率就下降,奶牛体重就增加。

(2)供给水分含量高的精饲料和粗饲料。奶牛咀嚼时间缩短,唾液的分泌减少。给挤奶牛供给代替一般干草的粉碎干草,唾液的分泌量减少到40%~50%,乳脂肪的合成就受到抑制。用发酵玉米饲喂奶牛时,比饲喂未经干燥的玉米乳脂率下降了约5%。

(3)饲料的粒度。饲料粒度会影响乳脂率,青贮饲料要切成不小于1.3 厘米,半干青贮饲料要切成不小于2 厘米。一般在粗纤维不充分的情况下,供给块状饲料比供给一般饲料乳脂率会降低0.1%~0.2%。

(4)供给饲料的次数。当一天供给饲料2 次时,平均乳脂率为3.6%;分6 次供给,乳脂率则上升到4%。一天分6 次供给饲料,瘤胃内的酸度变化小,不但能保持乳脂率,产奶量也增加1 000 千克。

(5)挤奶间隔。短时间间隔挤出来牛奶的乳脂率,要比长时间间隔挤出来的牛奶高。这是因为最后挤出来牛奶的乳脂肪含量高。如第一次的挤奶间隔是10 小时,以后挤奶间隔是14 小时,10 小时后挤出来牛奶的乳脂率要高,但这种差异对整个奶牛群不会有大的影响。

(6)饲料中的粗纤维含量。一头牛摄取的饲料以全部干物质量为标准，粗纤维低于17%易导致乳脂率减少，尤其是当谷类饲料量多、粗饲料的摄取量少时。粗饲料的摄取量应以干物质量为标准，要达到体重的1.5%或全部干物质摄取量的40%。粗饲料的摄取量恰当时，也会发生乳脂率下降。饲料中如果粗纤维含量少，奶牛的反刍作用就少，唾液的分泌减少，供给瘤胃里的天然缓冲剂也就减少。

（7）泌乳阶段。即使在饲养管理状况良好的泌乳期间，也会出现乳脂率下降的奇怪现象。

如图3所示，泌乳曲线产乳量增加时，乳脂率却下降。当奶牛的产奶量达到最高时，饲料摄取量也达到最高点。随着饲料增加，奶牛唾液的分泌量相对减少。因此，为了解某一奶牛群的乳脂率下降与否，首先要计算出挤奶牛的平均挤奶天数，然后在泌乳曲线上查找对应平均挤奶天数的乳脂率，进行对照后，再采取相应措施。

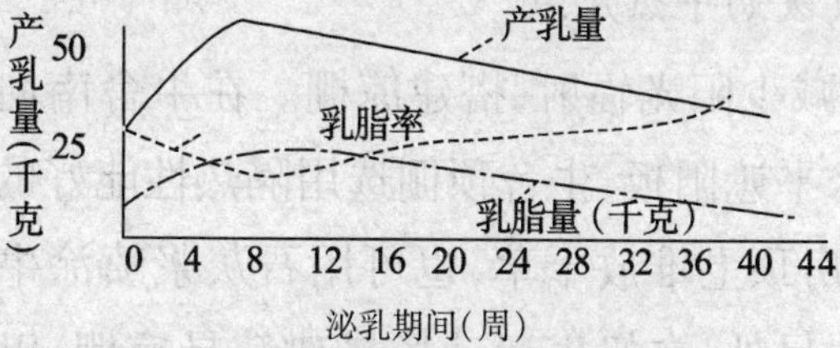

图3 奶牛泌乳曲线

（8）季节的影响。夏季酷暑是导致乳脂率下降的主要原因。与冬季相比，夏季乳脂率平均低15%～

20%。最适合于奶牛乳脂肪生产的气温为10℃。另外，夏季奶牛食欲减退，粗饲料的摄取量减少，纤维素的摄取量也减少，带来乳脂率下降。

(9)挤奶方法。不同挤奶方法和为检查乳脂率而采样等，也会影响乳脂率。一开始挤出奶的乳脂率低，最后挤出奶的乳脂率高。挤奶不完全，在乳房里留有一部分奶，奶牛的乳脂率就下降。

(10)疾病。若奶牛感染疾病，饲料摄取量就减少，会出现乳脂率升高的倾向。这是因为挤奶量与乳脂率成反比的关系。奶牛患乳房炎时乳脂率低，这是因为乳房炎影响了乳腺的代谢机能。

(11)饲料的蛋白质含量。当乳脂率减少时，要检查奶牛的蛋白质含量。均衡的营养，完善的饲养管理，供给瘤胃缓冲剂，可以保持较高的乳脂率。摄取缓冲剂的奶牛，可生产出乳脂率更高的牛奶。

8. 减缓奶牛热应激

(1)减少阳光辐射，搭建凉棚。在牛舍南向窗户上方安装水平遮阳板，牛舍顶棚选用隔热性能好的材料制作，或在房顶上堆放干草，也可用石灰浆喷涂牛舍四壁及房顶。另外，在奶牛运动场搭建简易凉棚，以高5米为宜。使用不同颜色和遮光率的塑料薄膜遮阳网、反光遮阳保温膜及棚顶可卷放的遮阳帘等，有良好的降温效果。每头奶牛的遮阴面积以3.7～5.6米^{2}为宜。

(2)科学搭配饲料。奶牛在22～25℃时采食量开始下降,30℃以上时明显下降(高达50%以上),因此,增强奶牛食欲是减缓热应激的重要措施。提高奶牛日粮蛋白质水平至18%～20%,提高过瘤胃蛋白的比例,占粗蛋白的35%以上。增喂优质粗饲料(如苜蓿干草)和适口性好、易消化的饲料(如胡萝卜等)。夏季的日粮浓度要高、体积要小,尽量满足奶牛营养的需要。添加脂肪酸钙、棉籽等过瘤胃脂肪,日粮脂肪含量可达到5%左右。夏季要控制粗饲料的喂量,提高精料比例(日粮精料最大比例不宜超过60%),以免影响乳脂率和出现代谢性紊乱。劣质粗饲料会使奶牛产热量增加。

(3)改变饲喂时间和饲喂方法。夏天选择在温度相对较低的夜间补饲,一般从晚上8点到第二天早上8点期间,饲喂量可占整个日粮的60%～70%。要防止饲料在饲槽内堆积发酵、酸败变质。提供洁净饮水,最好用凉水或新放出的自来水。每次奶牛饮水后,应将水槽洗净。

(4)注意补充矿物质。适当增加钙、磷、镁、钠、钾等的喂量,钾可增加到占日粮干物质的1.2%～1.5%、钠0.5%、镁0.3%。夏季每天日粮中添加100～115克/头碳酸钾或添加12克/头烟酸,可减少奶牛热应激。在高精料、低粗料的日粮中添加0.75%～1.5%碳酸氢钠或0.35%～0.4%氧化镁,有较好的饲养效果。

(5)注意牛舍通风。夏天将门窗打开,加强空气对流。牛舍、遮阴棚、挤奶厅等区域增加风扇,加强机械通风。风扇与地面呈 20°~30°,风速以 2~2.3 米/秒为宜,主风向吹向牛体左侧瘤胃体表投影处。酷暑时可给奶牛淋浴降温,每次喷淋 30 秒,间歇 4.5 分钟,用风扇吹干奶牛体表,每 5 分钟重复一次,30 分钟为一周期。依据奶牛热应激程度确定喷淋周期间隔。喷淋地点为食槽上方(不可喷湿饲料)、运动场、挤奶厅待挤区等,喷淋地面宜为水泥地面。

(6)搞好牛体及环境卫生。按时用清水冲洗和刷拭牛体。采用 1%~1.5% 敌百虫药液或2.5% 溴氰菊酯乳油喷洒牛舍及周围环境,杀灭蚊蝇。保持牛体牛舍清洁卫生,避免粪尿、杂物的堆积发酵而产热和产生不良气味。

五、干奶期奶牛养殖技术

1. 为什么奶牛要干奶

干乳期是指奶牛停止产奶或挤奶10个月后不再分泌乳汁的时期。所有的奶牛,只有在分娩下一个犊牛前55~60天前进行干乳,才能在下一个305日期间产奶。干奶时间依据母牛预产期和干奶期长短而定。奶牛干奶期一般为50~75天,早期配种母牛、体质瘦弱的母牛、老龄母牛、高产母牛、以往难以停奶的母牛及饲养条件不太好的母牛,干奶期可以适当延长至60~75天;膘情较好、产奶量较低的奶牛,干奶期可缩短到45~50天。但奶牛干奶期最短不能少于42天,否则将影响下一胎产奶量和奶牛健康。据最新资料,干奶期缩短至45天,比60天干奶期多了3倍的奶产量。干奶期可以不分干奶前期和后期,便于使用一种干奶期日粮,减少日粮多次变换;奶牛移动和并群减少,减少应激;有效减少干奶牛舍的拥挤程度,可提高牛舍的利用率。

干乳期胎儿已完成 2/3 的发育过程,奶牛要蓄积营养物质。乳汁是在乳腺细胞的分泌腺中生成的,分泌腺像葡萄串一样,聚集在乳腺末端。泌乳末期,乳腺细胞的数量减少,产奶能力下降。如果没有干乳期,奶牛的乳腺细胞得不到良好的修复,就不能充分发挥产奶潜力。

干奶牛应与泌乳牛分群饲养,以保证维持正常体膘。干奶牛要增加运动,以增强体质,维护消化功能,有利于顺利分娩和排出胎衣。产前两周逐渐变为泌乳牛日粮,增加精料饲喂量,以保证产后奶牛高产奶的需要。将干奶牛移入产房,并做好产房消毒卫生工作。提供清洁卫生的饮水,冬季将水温提高到 10℃ 左右。不要给干奶牛饲喂发霉干草(或饲料)。霉菌能降低奶牛免疫系统的抵抗力,容易发生乳腺炎。干奶期瘤胃微生物对泌乳期日粮适应,瘤胃上皮组织吸收能力强,肝脏和肠道功能对泌乳期日粮的适应期为 5 周,满足乳腺生长的营养需求,所以产前 6 ~ 8 周胎儿生长发育最快。

2. 干奶前准备

(1)牛奶中 87% 是水;泌乳牛每天需要 50 ~ 180 升水,取决于产奶量的高低以及气温;干奶牛每天需要 40 ~ 80 升;奶牛在挤奶后几个小时内和采食期间需饮水;饮水槽要方便奶牛随时饮水,及时更换新水。如果水槽长青苔,可加入少量次氯酸(漂白粉),100 升的水槽每10 ~ 14 天加 45 克。

即使在同样的环境、饲料情况下，奶牛水的摄取量差别也很大。在奶牛维持、生长、妊娠末期、泌乳等周期，水的摄取量不同。如果环境温度高，根据干物质摄取量，水摄取量也增加。饮水量和干物质摄取正常比例是在气温 -10 ~ 21℃时，27 ~ 29℃时比例上调，但是如果 40℃以上就超过了正常比例(表 5)。

表 5 不同环境温度下奶牛水和干物质摄取量的比例

环境温度	水(千克)/干物质摄取量(千克)
-12 ~ 4℃	3.1∶1
10℃	3.3∶1
16℃	3.9∶1
21℃	4.4∶1
27℃	5.1∶1
29℃	5.9∶1

(2)干奶前调整饲喂方案：干奶前对妊娠牛复检，确诊怀胎并算准预产期后再进行干乳。同时检查隐性乳房炎，如为阳性，治愈后再干乳。在距离停奶 1 周时，开始调整奶牛饲喂方案，同时改自由饮水为定时定量饮水。在停奶前 3 天，根据奶牛产奶量再次调整饲喂方案。此时如果奶牛产奶量仍很高，要减去全部精料；产奶量已不很高，但日产奶仍在 10 千克以上，可适当减去部分精料；当日产奶低于 1 千克时，不再调整精料喂量，

但要对奶牛适当限制饮水量。

(3)调整挤奶次数和时间:在停喂多汁料的同时,由原来的日挤奶3次改为日挤奶2次。当日产奶量降至10千克以下时,可改为日挤奶1次。同时每天适当增加奶牛运动时间,以增加消耗和锻炼体质。另外,还可配合改变挤奶时间,采取改变挤奶地点,改变饲喂次数,减少乳房按摩等措施,破坏奶牛在正常挤奶过程中形成的泌乳反射。

3. 干奶注意事项

(1)干奶方法:在干奶之日,将奶牛乳房擦洗干净,认真按摩,彻底挤净乳房中的奶。然后用1%碘伏浸泡乳头,再往每个乳头内分别注入干奶油剂或其他干奶针剂。注完药后,再用1%碘伏浸泡乳头。认真观察奶牛乳房变化,正常情况下,前2~3天乳房明显充胀,3~5天后积奶渐渐被吸收,7~10天乳房体积明显变小,乳房内部组织变松软。这时奶牛已停止泌乳活动,干奶成功。干奶过程中,奶牛乳房充胀,甚至出现轻微发炎和肿胀,容易感染疾病,应特别注意保持乳房的清洁卫生。保持牛舍清洁干燥,勤换垫草,防止奶牛躺卧在泥污和粪尿上。干奶过程中,大多数奶牛都无不良反应,但也有少数奶牛出现发热、烦躁不安、食欲下降等应激反应,要及时发现、及时处理,防止继发其他疫病。对反应剧烈的奶牛,可肌注镇静剂配合广谱抗生素对症治疗。在干奶过程中，一旦出现乳房严重肿胀、乳房表面发红发亮、奶牛发热、乳房发热等症状，要暂停干奶，将乳房中的乳汁挤出来，进行消炎治疗和按摩。待炎症消失后，再行干奶。

（2）防治乳房炎：乳房中有少量的乳汁没有吸收干净，异常发酵或病菌侵入而致感染、炎症，应及时治疗并继续挤奶，待炎症消失后再重新干奶。用10%酒精鱼石脂或鱼石脂软膏涂抹患部，青霉素200万～250万国际单位，每天肌肉注射2次。

（3）预防营养不良或过剩：彻底干奶后，视奶牛的膘情进行饲养管理。对营养不良的干奶期奶牛，除供给优质粗料外，还应搭配精料。另外，干奶期饲料种类不要突变，以免降低干奶牛采食量。干奶牛体膘应维持中等水平，切勿过肥，以免母牛产犊后食欲不振，发生胎衣不下、乳房炎、子宫炎及酮病等。奶牛停奶后第一周应多喂干草，根据奶牛体膘、乳房臌胀以及食欲等情况，从第二周开始调整日粮。一般日粮干物质喂量应控制在奶牛体重的1.8%～2.5%，精料喂量占体重的0.6%～0.8%，精粗比25∶75，精料的饲喂量为1～3.5千克（有0.5～1千克精料作为矿物质和维生素的载体），同时补喂矿物质、维生素和食盐等。饲喂7～12千克（以饲料原样为基础）或2.5～4千克（以干物质计）玉米青贮，能够提供额外的能量，降低钙和钾的水平，改善日粮的适口性。绝不可喂腐败变质及冰冻饲料，以免引起流产和臌胀症等。饮水要洁净，冬天水温不低于10℃，否则容易流产。每头牛每天运动2～3小时。

4. 干奶牛管理

干奶牛应该与泌乳牛分开饲喂，干奶牛日粮平衡能增加下胎次泌乳量350～750千克，因此，干奶牛的管理是为下一胎泌乳做准备。这一时期奶牛的乳腺收缩，犊牛迅速生长，体重开始增加。为避免奶牛代谢紊乱，应限制每天增重在0.5千克或体膘评分增加0.5分（3～3.5分）。对比较瘦的牛、正在生长的青年牛，或在环境应激、粗料质量差的情况下，应增加精料喂量。

注意改善瘤胃肌肉的正常弹性和防止产后真胃变位。让干奶牛休息放松。提供营养平衡而且含草量高的日粮，多使用禾本科牧草。避免使用小苏打或牧草。限制能量和蛋白质的供给，有利于停止产乳。若乳房继续产乳，考虑限水干奶。

六、围产期奶牛养殖技术

1. 奶牛围产前期

由于胎儿和子宫的急剧生长,压迫消化道,干物质进食量显著降低。产前7~10天,奶牛的采食量降低20%~40%。分娩前血液中雌激素和皮质醇浓度上升,也是影响母牛食欲的原因之一。因此,应提高日粮营养浓度,以保证奶牛的营养需要。日粮粗蛋白质含量一般较干奶期提高25%,并从分娩前2周开始逐渐增加精料喂量(0.5千克/天),至母牛体重的1%,以便调整微生物区系,适应产后高精料日粮。此外,增喂精料还可促进瘤胃内绒毛组织的发育,增强瘤胃对挥发性脂肪酸的吸收能力。对于体膘过肥的牛或有酮病史的奶牛,宜在日粮中添加6~12克烟酸,以降低酮病和脂肪肝的发病率。通过添加阴离子盐,预防产后低血钙的发生。提高维生素E和硒的含量,对减少产后胎衣滞留有一定的作用。供给优质饲草,以增进奶牛对粗料的食欲,并逐渐向泌乳期日粮结构转变。如在围产前期饲喂4.5～9千克玉米青贮,有助于产后更快适应含有玉米青贮的泌乳期日粮;为了避免乳房过度水肿,应控制日粮中的食盐含量。对于有乳热症病史的牛场,还应将日粮钙含量降为20～40克/天,磷30克/天。如奶牛发生乳房过度水肿,则需酌减精料量。总之,应根据奶牛的健康状况灵活饲养,切不可生搬硬套。

奶牛产前14天应转入清洁、消毒过的产房,需10～14天才能完全激活体内钙的调节机制。所以,在生产上要求围产前期(产前15～21天)就开始使用低钙日粮。料中不加小苏打、少喂盐(20克/天),单独配料,撤掉盐槽。控制精料(3.5～4千克)和青贮(15千克以下)添加量,精料以占饲料1%为限。多喂优质长干草(苜蓿例外)。奶牛临产前2～3天,精料中适当增加麸皮含量,以防止便秘。奶牛分娩必须保持安静,左侧躺卧,以免胎儿受瘤胃压迫而产出困难。奶牛分娩后应尽早站立,有利于子宫复位和防止子宫外翻。奶牛产后0.5小时开始挤奶,用新挤出的初乳哺喂犊牛。

这一阶段管理的目的是使奶牛瘤胃能接受产后高能量日粮,维持血液正常的钙水平(避免产后热),建立和刺激免疫系统,维持能量正平衡,以免脂肪酸渗入和非临床性酮症。增加精料喂量可以改变瘤胃微生物环境,能够发酵高能量日粮,刺激瘤胃乳头扩张,增加乳头表面面积。

干物质采食量低于15%~30%；未出生的犊牛快速生长，需要更多的营养；初乳的形成和乳腺组织的再生，均可引起能量负平衡。由于动用体脂，奶牛会出现体重下降，诱发酮病。

这一阶段的精料喂量增加到2.5~4千克/天，粗蛋白增加到14%~15%，维持供给2.5~4千克长干草，高产牛喂3.5~5千克干物质，加上干奶后期的精料混合料和长干草，降低钠的添加量，增加钙盐以预防低血钙，补充维生素A、D、E或维生素E和微量元素硒，添加酵母（每天100~120克）和烟酸（6克/天）。若出现非临床酮症，在产前3~7天灌注丙二醇或饲喂丙酸钙（表6）。

表6　日粮营养不平衡所引起的代谢和繁殖疾病

所引起的病症	缺少的营养物质	过量的营养物质
产后热	钙、镁、蛋白质	钾、磷
肌肉强直/摔搦	镁	钾、氮
胎衣不下	硒、维生素E、维生素A、钙、铜、碘、蛋白质	能量
酮症	蛋白质	能量
胃真移位	纤维、钙	能量
乳房水肿	无	钠、钾、能量
乳房炎	维生素E、维生素A	

产房是奶牛分娩、犊牛出生的重要场所，应保持安静、干燥和整洁，通风良好。勤换垫料，牛床垫料至少每两天更换一次，犊牛笼内垫料应每天更换。视奶牛场规模准备1～2个自然分娩室(20米^{2}左右)。在奶牛产前1周就开始对乳头药浴消毒，有利于防止乳房炎。提倡自然分娩，对有分娩预兆的奶牛赶入分娩室。勤观察临床奶牛，给予饮水和优质粗饲料。如遇轻微的胎位不正等，可简单助产后待其自然分娩。新生犊牛身体黏液待母牛舔干后，移至犊牛笼。

2. 新产奶牛饲养管理

(1)配制新产奶牛日粮时，应满足其对纤维素及蛋白质的最低需求量，能量摄入达到最大。在适宜的干物质摄入水平下，平衡碳水化合物和蛋白质的比例，努力尽快达到采食高峰。在调换饲料或饲料成分时，仔细监控奶牛采食情况。避免使用会降低新产奶牛干物质摄入量、适口性差的饲料成分。给新产奶牛只饲喂优质草料，保证有足量水平的纤维素。草料最低占干物质摄入量总量的40%，最好给新产奶牛饲喂50%的草料。给新产奶牛饲喂湿的发酵饲料时，应将日粮水分限制在50%。定期监测湿的草料/饲料中的水分含量，调整饲喂量，在必要时换成全混合日粮，可保证始终饲喂等量的干物质。每天数次将饲料推至奶牛面前，以刺激食欲。新产奶牛剩料率控制在5%～10%，防止发生空槽病，使新产奶牛总能采食到新鲜适口的饲料。保证新产奶牛随时能自由饮到新鲜、清洁的温水。不要给新产奶牛饲喂发霉的饲料，这会削弱新产奶牛的免疫反应，易发生感染。分槽饲喂头胎奶牛，没有经产牛的竞争，头胎奶牛的采食时间可延长 10% ~15%，采食量也会增加。

(2)从分娩当日起，给奶牛喂足优质的全混合日粮。奶牛产后 2~4 周内除了饲喂全混合日粮外，加喂 2.0~2.5 千克长秆优质干草，以保证足够的纤维素，有利于瘤胃健康。与采食到较多谷物的奶牛相比，分娩后未直接经谷物催奶的奶牛体重减轻更多，更容易失去食欲。饲喂"新产奶牛全混合日粮"可以控制粗、精料比，有助于奶牛增加食欲。

(3)产后头 6 周内，监控奶牛的采食(或剩料)量、产奶量及牛乳组成，看是否出现消化不良问题。粪便中清晰可见大量的玉米或谷物，十分稀薄，呈灰色至深黑色。干物质摄入量较低或出现波动，奶牛乳脂肪测试低于3.5%(荷斯坦奶牛)，产奶高峰延迟或不能持久，采食困难。奶牛出现跛足和蹄叶炎。大多数奶牛不能做到不断咀嚼反刍食团(能做到随时反刍咀嚼的奶牛数量少于 30%)，厌食，可能出现酮病(包括无明显临床症状)和皱胃移位。要调整喂料顺序和频率，做到谷物种类互补，对谷物合理加工，使用饲料添加剂。

(4)奶牛在分娩当天就进食。如有必要,日粮加入缓冲剂,防止酸中毒。缓冲剂占谷物混合日粮的1.5%或200~250克/头·日,通常使用碳酸氢钠或碳酸氢钠与氧化镁的混合盐。对干奶期日粮进行调整,使奶牛能在分娩时大量进食。饲喂优质草料,并保证足够长度(草料中至少有20%的长度不低于2.5厘米)。奶牛的干物质摄入量必须在泌乳头10周以内达到最大。新产奶牛每产2千克牛乳,必须采食1千克干物质。采食量低于该水平,会引起体重减轻过度,出现更多的代谢问题,繁殖性能低下。奶牛通常在挤奶后采食、饮水;挤奶后应为奶牛提供新鲜的饲料和饮用水,以促进干物质摄入量。干物质含量为50%~75%(水分含量25%~50%)的日粮,有助于奶牛的干物质摄入量达到最大。全混合日粮的理想水分含量为40%~50%。热应激会降低采食量。气温超过20℃时,奶牛采食量开始下降。气温30℃时,奶牛的采食量可能会降低20%。在人工喂料系统中,大多数情况是草料采食量的下降,导致粗、精料比发生变化,引起奶牛"厌食",降低产奶量和乳脂产量。炎热天气下,为促进采食,夜间饲喂量应占日粮的60%左右。每天必须保证奶牛有20~22小时可以采食到新鲜适口的饲料。每天至少对饲槽进行一次打扫清空。注意防止剩料在饲槽(尤其在饲槽的边角区域)中堆积发霉。特别注意喂料频率及喂料次序,以促进瘤胃的稳定性和保持高水平的干物质摄入量。饲槽设计十分重要，奶牛以放牧低头状进食（降槽饲喂）时可多分泌17%的唾液，有利于瘤胃缓冲，采食时间也可延长10%，浪费的饲料也较少。

（5）奶牛在产后6~8周达到产奶高峰，这说明干奶末期奶牛和新产奶牛的饲喂方案是令人满意的。如果产奶高峰在产后6~8周之前出现，说明日粮不充足或奶牛过瘦。如果产奶高峰出现在产后6~8周以后，则表明奶牛的生产性能比预计的要差。正常情况下，产奶高峰期后，奶牛的产奶量每天下降0.3%，头胎奶牛的产奶量每天下降0.2%。在生产中，荷斯坦牛的牛乳蛋白、乳脂比为0.85∶1~0.88∶1。比例过高，说明乳脂生产有问题，应对日粮纤维素及非结构性碳水化合物进行检查。比率过低说明乳脂蛋白有问题，应检查是否存在日粮中的脂肪补充量过高，或者粗蛋白或过瘤胃蛋白的含量过低。

（6）奶牛产奶量和奶质的影响因素。

①遗传因素：包括品种、个体因素，如黑白花奶牛产奶最高，娟姗牛含脂率最高。

②生理因素：如年龄、胎次、泌乳期、初产年龄、干奶期、内分泌激素等。随年龄和胎次增加，奶牛产乳性能发生规律性变化。据统计，黑白花奶牛以6岁5胎产奶量最高，但早熟品种牛第四胎产奶量最高。牛的乳脂肪

和非脂固体物的含量,又随年龄增长略有下降。在第一个泌乳期和第五个泌乳期之间,乳脂肪和非脂固体物的含量分别减少0.2%和0.4%。黑白花奶牛年龄达16～18月龄,体重达成年牛70%(即350千克以上),可以配种。经产奶牛在产后第二个情期约1.5个月后配种合适,高产牛可根据体膘延长到70～90天。

③环境因素:包括饲料、饲养管理、挤奶技术、产犊季节、外界温度、疾病药物等。黑白花奶牛不耐热,当气温过高时,呼吸脉搏次数增加,采食量下降,饲料消化率下降,产奶量减少。黑白花奶牛适宜气温为4～24℃,最适宜气温10～16℃,25℃时乳牛则呼吸频率加快,40.5℃时呼吸频率加快5倍且采食停止。乳中脂肪和非脂固体物在冬季最高,夏季最低。黑白花奶牛在气温-10℃以下,娟姗牛在4℃时产奶才开始下降。夏季产犊奶牛奶量最低,秋冬季产犊奶牛奶量最高。

3. 围产后期

围产后期是指奶牛产后15天以内。产后奶牛体虚力乏,消化机能减弱,尤其是高产牛乳房呈明显的生理性水肿,生殖道尚未复原,时而排出恶露。在这阶段要尽快恢复奶牛体质,增加采食量,不宜过快追求增产,为泌乳盛期打下良好的体质基础。围产后期奶牛主要以缓解能量负平衡工作为主,供应最优质的粗料,尽早恢复体膘。围产后期奶牛采食量低,因此应提供高浓度的日粮，能量水平在7.14～7.35兆焦/千克日粮，粗蛋白水平可提高至18%。添加一定量的脂肪粉，有缓解能量负平衡的作用，但应控制在350克以内。由于日粮中精料用量高，可添加缓冲剂小苏打100～150克，氧化镁30～50克。

奶牛产后虚弱，一旦发生疾病则进程很快，需要加强护理和监控，以确保尽快出产房投入生产。奶牛食欲需要重点监控。观察表现抑郁的奶牛，有可能患症状不明显的乳胀热、酮病及其他产后失调症。奶牛产后体温升高，最有可能是产道及乳腺发生炎症，但由于个体抵抗力差异，有的新产牛发生炎症之初外观特征正常。对新产1周之内的奶牛需要进行体温监控，以达到“早发现、早治疗”的目的。奶牛分娩后应立即投喂益母草汤，以利子宫恢复。勤观察子宫排出物的物理状态和气味，发生胎衣滞留和有不良恶露的母牛须用抗生素灌洗子宫，必要时结合全身治疗。注意奶牛乳腺炎乳房水肿与乳房肿胀、初乳与乳腺炎奶的区别。对于乳腺炎一天两次注射药物，并结合全身治疗。对奶牛的治疗首次用药可选用血液峰值快、半衰期短的抗生素，适当加大剂量。静脉注射前测量体温、心跳、呼吸等指标。地塞米松等激素类药物谨慎使用。体质差的奶牛可以补充高糖、高盐，以增强营养和食欲。

奶牛产犊后，自由采食优质干草，尽量避免喂过多的玉米青贮。喂精料后要观察当日进食量,若不剩精料且吃了大量干草后精神、排粪、反刍等正常,奶量也在增加,则可每天增喂0.5~1千克精料。若有剩料且采食粗料较少,进食过慢,食欲明显不良,则不能加料。奶牛产后立即喂给具下泄作用的麸皮1~1.5千克,加食盐50~100克,以温水冲拌成稀汤让牛饮尽,可起到暖腹、充饥及增加腹压的作用。此时奶牛往往表现口渴,如若不够可酌情再调制一些补充。饮水以37~40℃为宜。同时喂给优质干草1~2千克或任其自由采食,不喂多汁饲料及糟粕饲料。在产后2~3天以优质干草为主,辅以精饲料1~3千克。4~5天后逐步增加精料,每日增加1千克左右,至产后第7~8天日粮可达到泌乳牛的给料标准。为防止精料过食造成消化障碍和过早加剧乳腺的泌乳活动,此时精料喂量以不超过体重的1%为宜。在乳房恢复消肿良好的情况下,可逐渐增加青贮、块根类饲料的喂量。之后,完全饲喂TMR日粮。

4. 奶牛产犊后挤奶适宜时机

奶牛在产后0.5~1小时即应开始挤奶,提前挤奶有助于产后胎衣的排出。因通过挤奶前的热敷按摩刺激,即可引起排乳反射,而排乳反射的建立主要是因为垂体后叶释放大量催产素,故可加强子宫平滑肌的收缩,起到促使胎衣排出的作用。同时,提前挤奶也能使初生犊及早饮用初乳。

对产后母牛的第一次挤奶，首先进行乳房的清洗、热敷和按摩。一般第 1 ~ 2 把挤出的奶细菌含量高，应废弃。第一次挤奶分一次挤尽法和分次挤尽法。一次挤尽法是由于第一次挤出的奶是初乳，营养和免疫球蛋白很高，喂完犊牛后，可放于冰箱内保存；分次挤尽法强调切忌挤净，保持乳房内有一定的储乳量，只要挤出的奶够小牛吃即可(2 千克左右)。如果把奶挤干，高产牛容易发生产后瘫痪，第 2 天每次挤奶为产奶量的1/3，第 3 天为 1/2，第 4 天为 3/4，第 5 天才可全部挤净。每次挤奶时都要热敷和按摩，增加挤奶次数，每日最好挤奶 4 次以上，这样能促进乳房消肿。如发现有消肿较慢现象，也可以用含 40% 硫酸镁的温水清洗并按摩乳房。一般母牛在产后半个月即能康复，食欲旺盛，消化正常，乳房消肿，恶露排尽。此时，可调出产房，转入大群饲养。

七、围产期奶牛疾病防治

1. 奶牛产后失重

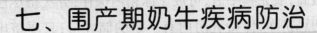

奶牛在围产期所需能量主要来自饲料的三大营养物质,即蛋白质、脂肪和碳水化合物。奶牛产后能量的供给常不能满足需求,而导致能量负平衡(NEB),其程度和持续时间取决于采食量和泌乳量。一般奶牛产奶量越高,饲养管理水平越低,越易发生能量负平衡,而且较为严重;相反,奶牛产奶量越低,饲养管理水平越高,则能量负平衡相对较轻。高产奶牛能量负平衡不能通过自身调节来解决。

奶牛分娩后的 15 天内,每天平均失重 1 800 ~ 2 200克,日粮能量不足会加剧能量的负平衡。此阶段应该注意饲料的适口性及饲料的品质,日粮中蛋白质的浓度也应保持较高水平,否则,将影响体脂转化成牛奶的效率。除了能量、蛋白质、脂肪等营养处于负平衡外,体内钙、磷也同样处于负平衡状态,必须补充。

饲养良好、体膘适中的奶牛，产后0~70天体重共减少35千克，平均每天减500克。其中，前30天每天平均减1.8~2.2千克，后40天仅为30~100克。产后71~150天，高产奶牛体重可维持不变，但中低产奶牛体重略有增加，约150克/天。产后151~305天，一般奶牛体重可明显恢复，含胎儿的生长发育，日增重可达400~500克。60天干奶期，日增重为350~500克(图4)。

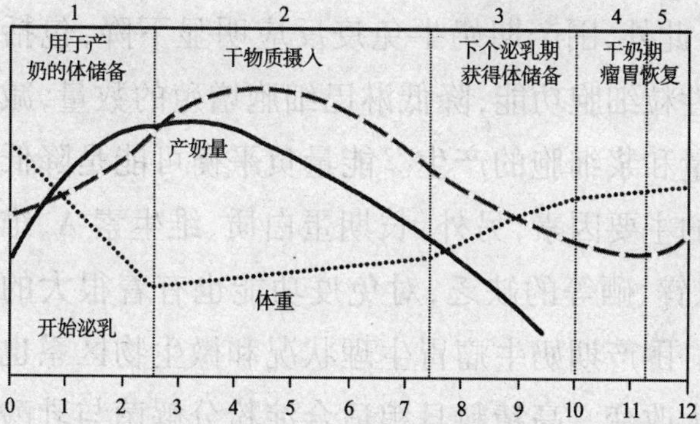

图4 泌乳周期(月份)

2. 围产期奶牛代谢病

奶牛营养代谢病是营养缺乏病和新陈代谢障碍病的统称，主要分为糖、脂肪、蛋白质、矿物质及维生素障碍代谢疾病等。围产期是指奶牛产前15日到产后15日，产后15日为围产后期。围产期奶牛经历了干奶、日粮结构变化、饲养环境改变、分娩、产奶等生理与代谢变化，容易造成奶牛产后抵抗力降低，极易患病，引发代谢紊乱，如采食干物质量降低、胎衣不下、产乳热、真胃移位、酮病等。在分娩前数天到产后2周内，奶牛血液中非酯化脂肪酸(NEFA)水平会显著提高。NEFA水平提高是奶牛能量负平衡的标志，而高NEFA水平与脂肪肝、酮病的发生直接相关。围产期另一个明显特征是，所有奶牛在产后最初几天内都会血钙浓度降低，导致奶牛肌肉收缩无力并损伤神经功能，严重时引起产乳热，且容易诱发其他代谢疾病(如酮病、胎衣不下、乳房炎等)。此外，围产期奶牛免疫反应明显下降，包括降低嗜中性粒细胞功能，降低淋巴细胞增殖的数量，减少抗体数量和浆细胞的产生。能量负平衡可能是降低免疫功能的主要因素，另外，长期蛋白质、维生素A、维生素E、铜、锌、硒等的缺乏，对免疫功能也有着很大的负面影响。围产期奶牛瘤胃生理状况和微生物区系也发生了巨大改变。高精料日粮适合淀粉分解菌与乳酸转化菌的生长，高粗料日粮适合纤维分解菌的生长，引起丙酸的生成量大大减少。如果新产牛很快饲喂高精料日粮，就容易引起瘤胃酸中毒与蹄叶炎。代谢病会导致奶牛生理代谢失调，营养供给不足，产奶量下降，产后疾病增加，甚至淘汰、死亡。

围产前期可添加阴离子盐(阴离子盐包括氯化铵、硫酸铵、硫酸镁、氯化钙、硫酸钙等)，使奶牛尿pH降到6~6.5。为防止奶牛乳热症，围产前期给奶牛饲喂含镁量为0.35%~0.40%的日粮。为了防止流产、难产，应保证饲料的质量和新鲜度，不能供给冰冻、腐败变质的饲草饲料（图5）。

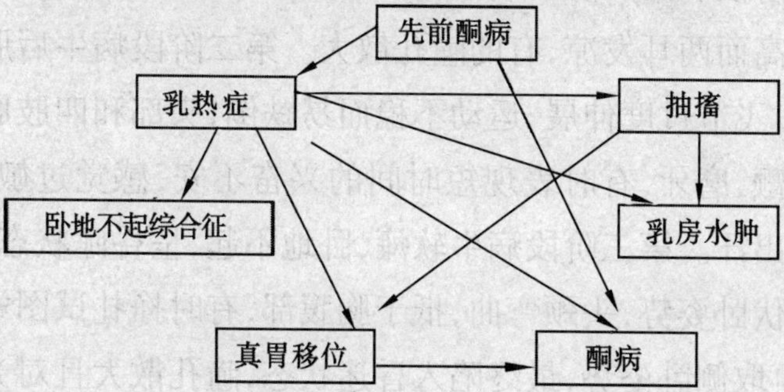

图5　围产期奶牛代谢病

3. 防治奶牛乳热症（产后瘫痪）

乳热症是因血液低钙而引起，会导致代谢障碍、瘫痪或休克，甚至死亡，是奶牛产后突然发作的一种严重代谢病。该症以知觉损失和四肢瘫痪为主要特征，尤以3～6胎、营养情况良好的高产奶牛多发，发病率在1.2%～14.1%，多发于产后3天内，75%的经产牛会低血钙。由于乳热症症状不明显，易被忽视，亚临床低血钙会造成产奶量、繁殖率降低。乳热症多因为钙接收机能阻碍。

（1）病因：妊娠后期奶牛处于钙的负平衡状态；钙不能迅速从钙库中被动员；分娩应激和初乳分泌加速了钙负平衡的进程。饲料中维生素D不足，钙、磷比例不当都可加速钙的负平衡。

(2)症状:依据血钙降低的程度,本病可分为3个病程阶段。第一阶段病牛食欲不振,反应迟钝,嗜眠,体温不高而两耳发凉,有的瞳孔散大。第二阶段病牛后肢僵硬,飞节过度伸展,运动不稳而易跌倒,头部和四肢肌肉震颤,磨牙,有时表现短时间的兴奋不安,感觉过敏,大量出汗。第三阶段病牛软瘫,卧地不起,呈昏睡状态。先取伏卧姿势,头颈弯曲,抵于胸腹部,有时挣扎试图站起,再取侧卧姿势,最终陷入昏迷状态,瞳孔散大且对光反应消失。在血清内钙含量降到标准值(8~10毫克/100毫升)2/3时会发生上述症状。体温低下,鼻镜干燥,肢端发凉,心音减弱,心率维持在60~80次/分钟,呼吸缓慢、浅表,濒死期心率失常,呼吸节律紊乱。瘤胃臌气,瘤胃内容物返流,肛门反射消失,排粪、排尿停止。如不及时治疗,往往因瘤胃臌气或吸入瘤胃内容物而死于呼吸衰竭(图6)。

(3)预防:产前2周开始饲喂低钙高磷饲料,激活甲状旁腺机能,提高机体吸收钙的能力。

(4)治疗:常静注钙制剂,如葡萄糖酸钙、氯化钙。物理疗法有乳房送风,使乳房内压加大,增加血流量,增添乳房血钙。对高产奶牛产后1周内全量挤乳,同时在临产前1周补充维生素A、D、E制剂,肌注至临产为止,有益于钙的代谢。20%~25%葡萄糖酸钙500~800毫升或5%氯化钙500毫升,一次静脉注射,每日2~3次。注射速度缓慢,不能将钙漏于皮下。对瘫痪兼体温升高病例,先补充等渗糖和电解质液,应用抗生素,待体温恢复正常再补钙。多次使用钙剂而效果不显著,可用15%磷酸二氢钠注射液200~500毫升、硫酸镁注射液150~200毫升,一次静脉注射。

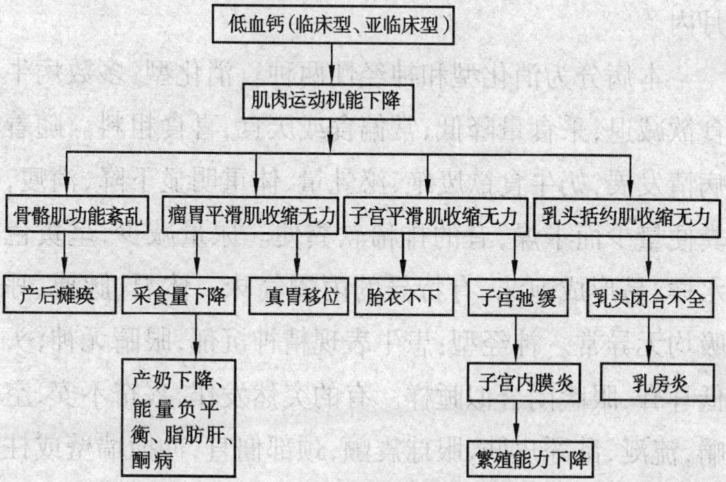

图6 奶牛乳热症的症状

4. 防治奶牛酮病

奶牛酮病又称酮血症、酮尿病,也称为奶牛醋酮血症,是碳水化合物和脂肪代谢紊乱所引起的全身功能失调疾病。该病主要表现产奶下降、体重减轻、食欲不振等,有时无任何症状。本病特征是酮血症、酮尿症、酮乳症,还可以出现低血糖症、血浆游离性脂肪酸升高、脂肪肝、肝糖原水平降低等,间有神经症状。这一系列变化与泌乳早期产奶水平升高，而能量供应不能满足泌乳消耗有关。血糖浓度降低是发生酮病的主要原因。该病多发于高产奶牛产犊后10～60天，3～6胎次高产奶牛发病率高。酮病虽很少死亡，但可引起奶牛繁殖率下降、内分泌激素紊乱、肢蹄病等症状。临床酮病的发病率占泌乳牛群的2%～20%，常发生在产后第一个泌乳月内。

本病分为消化型和神经性两种。消化型：多数病牛食欲减退，采食量降低，常偏食或厌食，喜食粗料。随着病情发展，奶牛食欲废绝，泌乳量、体重明显下降，消瘦，粪便量少而干燥，有的排稀软粪便。尿量减少，呈黄色水样，易形成泡沫，有特异的丙酮气味。体温、脉搏、呼吸均无异常。神经型：患牛表现精神沉郁，眼睛无神，头低耳耷，眼睑闭合似睡样。有的突然发作，兴奋不安，空嚼，流涎，乱舔皮肤，眼球震颤，颈部僵直，冲撞墙壁或柱子。临床应与牛狂犬病、脑炎相鉴别。

根据精、粗饲料比例不当，临床症状喜吃粗料、不食精料，食欲减退以及神经症状，实验室检查乳、尿、血液中酮体含量升高，即可做出诊断。干奶期保证奶牛的营养平衡，使奶牛体膘适中，不要过肥，减轻能量负平衡水平。奶牛产犊时不能过肥，体膘评分保持在2.5～3分（5分制）为宜，超过此标准即过肥。如果整个牛场酮病高发，可在产前日粮中添加烟酸6克/头·天，并可延续到产后2～3周。烟酸影响日粮的适口性,应注意添加量。饲料中加入丙酸钠或丙二醇等生糖前质,对酮病有预防作用,但起效慢。产前2周至产后7周,日粮中添加120克丙二醇,2次/克,可降低酮病发病率18%。

治疗原则是增加血糖,促进糖原异生。通常采取葡萄糖疗法、激素疗法及其他辅助疗法,大多数病例都可痊愈。葡萄糖疗法:静脉注射50%的葡萄糖500～1 000毫升,肌肉注射糖皮质激素可得松1 000毫克,口服丙二醇300毫升,每天1～2次,继续治疗1～5天;用50%果糖液静脉注射,0.5克/千克体重,每天一次;用丙酸钠135克灌服或拌入饲料,连续8天。激素疗法:10%氢化可的松0.5克,加入糖盐水中静脉注射,对该病也有较好疗效。

5. 防治胎衣滞留

奶牛产后8～12小时仍不排出胎衣,即为胎衣滞留。胎衣滞留通常与双胞胎、难产、死产和子宫内感染有关,营养不平衡也是重要因素。营养不平衡包括微量元素硒的缺乏,临床和隐性的奶牛产后瘫痪,干奶牛日粮中粗纤维含量偏低等。奶牛缺少运动也是导致胎衣不下的一个因素。

奶牛胎衣不下,一般初期没有全身症状,1～2天后停滞的胎衣开始腐败分解,从阴道内排出污浊并混有胎衣碎片的恶臭液体。腐败分解产物若被子宫吸收,可出现败血型子宫炎和毒血症。患牛表现体温升高、精神沉郁、食欲减退、泌乳减少等。部分胎衣不下,即一部分从子叶上脱下并断离,剩余部分滞留在子宫腔和阴道内,一般不易觉察,有时发现弓背、举尾和努责现象。全部胎衣不下即全部胎衣滞留在子宫和阴道内,仅少量胎膜垂挂于阴门外,胎膜上有脐带血管断端和子叶。

纠正干奶牛不平衡的日粮及营养不良,给以富含维生素和微量元素的饲料,提供维生素 E 和硒。奶牛产犊前后要有足够的运动和舒适的产房(栏),可减少胎衣不下的发生率。分娩后让母牛舔干犊牛身上的黏液,尽早挤奶以促使垂体后叶素的释放。分娩后可立即注射葡萄糖酸钙溶液,或饲喂益母草糖水。

奶牛分娩后肌肉注射缩宫素、皮下注射已烯雌酚、苯甲酸雌二醇,促进子宫收缩;向母牛子宫内灌注高渗盐水,刺激子宫收缩,促使胎盘减少而脱落,加速胎衣排出。皮下或肌肉注射垂体后叶素 50~100 国际单位,最好在产后 8~12 小时注射,分娩后超过 24~48 小时效果不佳。注射催产素 10 毫升(100 国际单位),麦角新碱 6~10 毫克。在分娩后第一天用 6~15 克盐酸四环素冲洗子宫(使用 50% 的葡萄糖 500 毫升),在产后第五天用手轻轻拉胎衣,但无法拉出,则重复冲洗一次。50% 葡萄糖 500 毫升以上,才能杀灭细菌。手术剥离:观察病牛有无子宫炎症及全身病症。先用温水灌肠,以排出直肠中的积粪，或用手掏尽积粪。再用0.1%高锰酸钾液洗净外阴，用左手握住外露的胎衣，右手顺阴道伸入子宫，寻找子宫叶。找到子宫叶后，先用拇指找出胎儿胎盘的边缘，然后将食指或拇指伸入胎儿胎盘与母体胎盘之间，把它们分开。至胎儿胎盘被分离一半时，用拇、食、中指握住胎衣，轻轻一拉，即可完整地剥离下来。

6. 防治奶牛乳房水肿

奶牛乳房水肿又称乳房浮肿，主要是奶牛在妊娠后期乳房的血液和淋巴液循环发生障碍所引起。本病通常发生于奶牛产前或产后2天，初产奶牛、高产奶牛和老龄奶牛多发，发病率在10%左右。乳房水肿是奶牛的一种围产期代谢紊乱性疾病，一般无全身症状，整个乳房或部分乳房发生水肿，皮肤发亮，无痛，似面团状，用手指按压时凹陷。浮肿的乳头变得粗而短，挤奶困难。发病较重时乳房往往下垂，致后肢张开站立，运动困难，易造成损伤。奶牛乳房水肿极肿时产奶量显著下降，引起乳腺萎缩。

预防乳房水肿，严格控制精料喂量，一般在临产前日喂量控制在4~6千克；限制食盐的用量，一般占精饲料的1%；精料应营养均衡，最好使用产前料。该病还与血浆中雌激素和孕酮的浓度有关，雌酮和17－雌二醇可以促进乳房水肿的发生，而孕酮和17－8雌二醇可抑制乳房水肿的发生。

按摩病牛乳房，每天3次，每次15～30分钟。按摩后热敷乳房，以改善血液循环，促进渗出液的吸收。肌注速尿（呋噻咪），每次200国际单位，连用两次。25%葡萄糖溶液1 000毫升，10%葡萄糖酸钙溶液500毫升或5%氯化钙溶液250毫升，硫酸镁80～100毫升，10%安钠咖30毫升，一次静注，连用3天。口服苯甲酸钠咖啡因5～40克，1～2次/天；或皮下注射20%苯甲酸钠咖啡因20毫升，1～2次/天，连用2～4天。硫酸镁外敷乳房，连用3天，可明显消肿。

八、犊牛养殖技术

1. 刚出生犊牛护理技术

犊牛出生后，组织器官机能尚未充分发育，适应能力较弱，易受各种病菌的侵害，要格外注意护理。

（1）出生时护理：首先清除犊牛口鼻中的黏液，让母牛舔干犊牛身上的黏液。冬季用布擦净犊牛身上的黏液，保持温暖，防止肺炎。新生犊牛出生后，马上注射维生素 A、B_1 1.5 毫升/头，尽快转入温暖、干净的犊牛舍（岛）。犊牛舍（岛）保持在 24～26℃，湿度在 30% 以下。新生犊牛躺卧处铺上干净垫草，防止下痢。

（2）断脐：用消毒的剪子在距腹壁 6～8 厘米处剪断脐带，脐带和周围区域用 5%～7% 碘酊浸泡 1 分钟，连续两天，每天 2～3 次。不需结扎，用灭菌纱布兜起来即可，防止脐带炎。保持干燥，让脐带早日脱落。患脐带炎的犊牛脐孔周围发热、充血、肿胀，经常弓腰，不愿走动。有时脐部形成脓肿，脐孔处形成瘘管，在脐部皮下能摸到小指粗的硬索状物，可以挤出少量腥臭的脓液。剥离脐带断端脐孔处肉芽组织增生，形成溃疡，常常引发犊牛的败血症。在脐孔周围分点注射普鲁卡因青霉素，局部封闭并涂擦5%碘酊。形成瘘管的，用消毒液清洗后用硝酸银腐蚀，促进瘘管处肉芽组织增生，外敷碘仿磺胺粉。如果脐带发生坏疽，必须切除脐带断端，除去坏死组织，用双氧水清洗后外敷碘仿磺胺粉。

(3)饲喂初乳：新生犊牛在喂初乳前称重。初乳含有较高的蛋白质，特别是含有丰富的免疫球蛋白、矿物质、镁盐、维生素A等，可增强犊牛的免疫力。犊牛出生后0.5～1小时就应吃上2～3升初乳，6～8小时后再吃上2～3升初乳。犊牛刚生出时，能较好地吸收初乳中的免疫球蛋白。出生后24～36小时，犊牛肠道黏膜中的未成熟细胞逐渐脱落，对免疫球蛋白的吸收大大降低。如果出生24小时内不能吃上初乳，犊牛易患大肠杆菌病，下痢甚至死亡。初乳可喂3～4天，日喂量为体重的1/8～1/6，每日3次。一头奶牛可产初乳100～150千克，第一天、第二天分泌高质量初乳18～35千克，而犊牛可饮用20～25千克。剩余的初乳可冷藏保存，也可用发酵法保存下来。

(4)犊牛的登记：奶牛舔干或用干毛巾将犊牛全身擦干，进行称重，放进产房西端的犊牛栏内。准备留下的犊牛，建档、照相和编号。犊牛栏要空气流通、清洁干燥、卫生消毒、避风并冬暖夏凉。

2. 犊牛人工喂乳

(1)饲喂方法及姿势:从出生到14天用带奶嘴的奶瓶喂犊牛。尽量保证犊牛头仰起呈45°角,这样才能保证犊牛食管内完全闭合,使牛奶进入真胃,否则,初乳流到瘤胃中,会导致异常发酵而腹泻。

(2)初乳温度:初乳保证在36~38℃。冬季因天气冷,可隔水加热至38~40℃。奶温不能过高或过低,过高会形成凝乳块,堵在消化道幽门口而导致犊牛死亡;过低会导致犊牛消化不良及腹泻。7天后哺喂常乳,常乳用量因饲养方式而定。

犊牛2周龄后也可用桶喂奶,一手持桶,另一手中指和食指醮初乳让犊牛吸吮,注意桶和手的卫生。当犊牛吸吮指头时,慢慢将桶提起,让犊牛口碰到牛奶面吸饮,习惯后可将手指从犊牛口内拔出来。反复几次,犊牛便会自行饮初乳。初乳保持在35~38℃,温度低时隔水加热到38℃再喂。所有容器饲喂前后应彻底清洗。喂奶要做到定时、定量、定温;每次喂完奶,要用干净毛巾把犊牛的嘴擦干净,防止"舔癖"。最初要在奶中加30%~50%温开水,出生后5~7天开始投给开食料和优质柔软干草。哺乳用具要卫生,用前热水洗烫消毒,每天刷拭调教犊牛,增加牛与人的亲和力。犊牛单圈饲养,防止互相交叉感染某些疾病。7天后可以转入犊牛群,必须保证犊牛的健康。

3. 培育断奶前的犊牛

(1)瘤胃的变化:犊牛出生后前三胃不发达,机能也不健全,真正起作用的是皱胃。皱胃占四胃总容积的70%,瘤胃、网胃、瓣胃总和仅占四胃总容积的30%。此时,犊牛只适宜食初乳和常乳。3周龄后瘤胃发育加快,容积大增。6周龄前三胃(瘤胃、网胃、瓣胃)的容积明显增加,占四胃总容积的70%,而皱胃仅占30%。此后瘤胃继续增大,到12月龄时占四胃总容积的75%,接近成年牛的水平(80%左右)。瘤胃发育急剧变化的特点,对于犊牛的培育乃至早期断奶具有特殊重要的作用。

(2)食道沟的作用:初生犊牛缺乏分泌反射,直到吮吸初乳,反射性引起食道沟的唇状肌肉卷缩,使食道沟闭合成管状,因此,初乳和常乳不在前胃停留。因此,建议喂犊牛时用大奶瓶,通过奶嘴模仿乳头,刺激犊牛以引起食道沟闭合完全。如果直接用奶桶喂,可能犊牛吸食过快,形成暴饮,引起食道沟闭合不全。乳汁进入前胃,造成异常发酵,严重者死亡。随着年龄的增加,食道沟就不能完全闭合而失去作用。当初乳进入皱胃后则刺激皱胃开始分泌胃液才具有消化机能,但对植物性饲料仍不能消化,因为皱胃中蛋白酶作用很弱,主要是凝乳酶参与消化过程。

(3)瘤胃反刍与微生物:犊牛出生后,由于哺乳、饮水、接触用具等,微生物进入瘤胃,到3周龄时瘤胃内开始出现微生物区系。犊牛出生时并无反刍现象,3周龄时才出现反刍现象,这时腮腺能分泌唾液,犊牛开始选食干草。如果能提早喂给草料可促使瘤胃提早发育,促进瘤胃微生物的繁殖,瘤胃内发酵代谢产物对瘤胃黏膜乳头的发育也有刺激作用。

(4)植物性饲料的作用:饲喂全乳的8周龄犊牛,胃总容积仅有94.6毫升(体重1千克的毫升数),胃组织重为体重的1.61%;同为8周龄,添加植物性饲料的犊牛,胃总容积144.2毫升,胃组织重占体重的2.94%,比未添加植物性饲料的犊牛分别增加49.6毫升和1.33%。这些都说明,提前采食植物性饲料,由于饲料停留在瘤胃中,被分解的发酵产物刺激了瘤胃的发育。

(5)喂乳和开食:喂犊牛4天初乳后,开始喂常乳,常乳含有犊牛增重所需要的养分。饲喂足够量(占体重的10%)的优质牛奶或代乳粉(尽量避免饲喂以大豆为基础的替代品)。减少牛奶喂量(占体重的8%~10%,约4升)将导致日增重较差(小于300克/天)。从5日龄后开始让犊牛自由采食开食料。瘤胃的发育取决于采食量,因此要保证开食料新鲜、干净、充足(表7)。从4日龄后开始让犊牛自由饮水,每天给予充足、清洁的饮水。犊牛在出生后第一个月就能饮水5~7.5

升/天。犊牛出生后10天内打耳号、照相、登记谱系等。犊牛出生后10～15天要去角,有苛性钠去角法和电烙去角法。

表7　犊牛喂乳和开食方案

日龄(天)	全奶日喂量(千克)	开食料(千克)	干草(千克)
0～4	4～6(初乳)	0	0
5～15	7(常乳)	训食	0
16～25	7	自由	训食
26～35	6	0.5	自由
36～45	6	1	0.2
46～60	5	1.5	0.4

4. 犊牛健康管理

(1)建立稳定的饲喂制度。犊牛饮用的鲜奶品质要好,凡患有结核病、布氏杆菌病、乳腺炎母牛所产的奶都不能喂犊牛,也不能喂变质的腐败奶。奶温在36～38℃,不能忽高忽低。奶量要固定,以利犊牛消化正常。

(2)每日多次观察犊牛状态。正常犊牛体温38.5～39.5℃,40℃为低热,40～41℃为中热,41～42℃为高热。监测心率、呼吸,初生犊牛心率120～190次/分钟,哺乳犊牛心率90～110次/分钟,育成犊牛心率70～90次/分钟;正常呼吸次数20～50次/分钟,炎热夏天呼吸次数增加。观察粪便情况,犊牛每天排粪1～2次,粪黄褐色,吃草后变为黑色,凡排水样便、黏液便、血便都表明有病。观察犊牛的精神状态,发现异常及时检查和处理。

(3)防治犊牛下痢和肺炎。

①下痢:病原微生物引起细菌性下痢,如大肠杆菌病、沙门菌病;病毒性下痢,如病毒性腹泻、轮状病毒、冠状病毒等;寄生虫病,如球虫、蛔虫病。营养性下痢是由饲喂不当引起,如饲喂冰冷和变质的奶,饲槽不洁等。对下痢的犊牛,首先减少全乳喂量,减少或停用代乳品、开食料。此时可补充碳酸氢钠、氯化钠、氯化钾、硫酸镁,以1:2:6:2比例配制,还可加入少量葡萄糖、维生素。犊牛每天20克,分2次喂服,每次用水1 000毫升调和。若病情较重,可用恩诺沙星10~20毫克/千克体重内服。同时配合乳酶生2克/头·天,酵母5克/头·天,也可用乳酸菌素片。腹泻严重的补液,5%葡萄糖生理盐水300~1 000毫升(视脱水情况而定),碳酸氢钠50~80毫升,复方生理盐水200~300毫升。维生素C注射液5毫升,三磷酸腺苷2~5毫升,并配合庆大霉素或氧氟沙星注射液静脉给药。肌肉注射硫酸阿托品5毫克,口服活性炭30~50克。

②肺炎:多由感冒转化而来,也可能原发于细菌性感染,如巴氏杆菌、肺炎双球菌、链球菌性肺炎,应注意早期诊断,及时使用抗生素。犊牛肺炎发病急、病程短,常常引起急性死亡。采用氧氟沙星注射液胸腔注射,效果较好。在犊牛左侧、肘关节后5~10厘米处,剪毛清

洗严格消毒后,用20毫升注射器带5号细针头,穿透皮肤、皮下结缔组织、胸膜到达胸膜腔,注入氧氟沙星注射液15~20毫升。操作中注意严格消毒,选择细小的针头。进针速度要慢,避免损伤肺部。进针时注射器和针头连接紧密,避免空气进入胸腔。胸腔注射一天1次,连用3~5天。病情较重病例采用输液疗法:20%葡萄糖注射液200~250毫升,三磷酸腺苷2~5毫升,维生素C 5毫升,辅酶A 50单位,氨茶碱1~1.5毫升,生理盐水200毫升,阿奇霉素1.5~2克,0.5%甲硝唑葡萄糖注射液200~250毫升,静脉注射,一天1次,连用5~7天。对肺部有湿啰音的病例,肌肉注射呋噻米注射液,每40千克体重1毫升,一天1次,可以加速肺部炎性水肿的消散,缓解症状。

(4)新生犊牛孱弱。即新生犊牛衰弱无力,没有生活能力的一种先天性发育不良。犊牛出生卧地不起,心率快而弱,呼吸浅表不规则,对外界反应迟钝,四肢末端、耳、鼻发凉,吮乳能力较差。治疗措施是保温、人工哺乳、补充能量和钙制剂。犊牛每天喂奶3次,每次2千克,每次添加10%葡萄糖酸钙10~15毫升和少量电解多维。人工哺乳时奶壶不能高过犊牛头顶,以免牛奶灌入肺脏,引起异物性肺炎。对体温偏低的犊牛,肌肉注射三磷酸腺苷、辅酶A和苯甲酸钠咖啡因。

（5）喂奶的“四定”、“四看”。

①“四定”：即定质、定量、定时、定温。定质是给犊牛哺喂健康牛所产的奶，尤其要保证初生犊牛吃上初乳。第一次初乳不仅要早，而且要饱，一般喂给 2～3 千克；定量是按哺乳计划严格控制哺乳量，既要保证犊牛营养需要，又要防止过量喂给；定时是固定喂奶时间，无特殊情况不可随意提前或推迟，以利于犊牛形成条件反射；定温是奶温要稳定在 37℃，奶温过高或过低都不利于犊牛正常采食，会影响健康生长。

②“四看”：看精神，健康犊牛性情活泼，喜在运动场活动；病犊牛精神萎靡，目光忧郁，鼻镜干燥，不喜活动。看食欲，健康犊牛食欲旺盛，抢食，亲近饲养人员，有吃不够的感觉；病犊对饲喂反应冷淡，有时吃几口就走，甚至废食。看粪便，健康犊牛粪便呈黄褐色，开始吃草后变干，呈盘状；消化不良时呈灰白色；吃料过多时粪便恶臭；受凉时粪便多气泡；患肠炎时粪便有黏液。看天气，气温 10～15℃时犊牛感到舒适。

5. 犊牛护理事项注意

（1）水：犊牛必须随时饮水，防止热应激。如果饮水不足，犊牛精饲料的采食量会明显受到限制。从犊牛 4 日龄就开始提供新鲜、干净的水，防止过度饮水（可造成水腹犊牛），但不能不给饮水。有些犊牛管理者在饮水槽或饮水桶上作一个水线的记号，以确定犊牛是否过多饮水。

(2)电解质应用:犊牛下痢会导致大量的液体和矿物质流失,口服电解质就能够恢复液体平衡。在每次喂奶或代乳品后15~30分钟,可饲喂1升的电解质。衰弱犊牛可能需要借助于食道导管。患病犊牛一天需要4次液体饲喂,一旦腹泻停止,就应减少电解质喂量。推荐自配电解质混合剂:MCP果胶一包(纤维素来源)、低钠盐5克(矿物质来源)、小苏打10克(调节pH和矿物质)、牛肉汁1罐(提供营养和矿物质),用水调成2升。

(3)饲草来源:犊牛在1周龄前不会采食过多的干草。如果犊牛采食干草而替代精饲料,则能量和矿物质进食量就会明显减少,影响生长发育。一旦犊牛能够进食1.4~2.3千克精饲料,就要提供高质量的干草或半干青贮料(豆科或青草)。犊牛在3月龄内,不要给予含60%以上水分的半干青贮料、牧草和玉米青贮料。每天必须给予新鲜的青贮饲料,要避免霉菌污染,可促进采食。

(4)添加剂:在饲喂液状饲料和犊牛精饲料时,要添加抗球虫药。益生素(直接饲喂微生物产品)可以喂给犊牛,以促进犊牛精饲料的采食量和促进生长。酵母及酵母培养物也是有益的。

6. 断奶犊牛管理

断奶犊牛一般指从断奶到6月龄的犊牛,此期消化器官发育速度最快,应制定好培育计划或目标。犊牛日增重平均为700克;6月龄时体重达到175~180千克,体高为100厘米,体长为115厘米;6月龄时,日粮干物质采食量应达到4~4.5千克/天;蛋白质含量为15%~16%,钙含量为0.68%,磷含量为0.23%;犊牛混合料喂量1.5~2千克/天。

随着犊牛的成长,消化系统和营养需要也有改变。当犊牛8周断奶时,瘤胃相当小,尚未得到发育,胃壁也很薄,便于吸收由瘤胃发酵而产生的大量乙酸、丙酸和丁酸,不能够容纳过多的粗饲料。随着犊牛瘤胃体积不断增加,要满足其对蛋白质(体高)、能量(体重/脂肪)、矿物质和维生素的需要。犊牛断奶后至1岁,应该补喂精饲料。犊牛断奶后,继续喂以开食料至少两周,1.8~2千克/头·天,粗蛋白含量为16%~20%(根据饲草的品质来定),一直喂至6月龄。2~6月龄犊牛,要确保提供优质、含蛋白量高、无霉菌的粗饲料,要切碎、叶片多、茎秆少,让犊牛自由采食。最好不喂发酵过的粗料(如青贮等),当犊牛达到4~6月龄再少量喂给。

从断奶到4月龄犊牛理想体重为110千克,日增重以650克为宜。继续饲喂开食料或混合开食料与生长料,逐渐增加喂量,同时按30%~35%干物质采食量补喂青干草,自由饮水。如犊牛体重出现下降,毛色缺乏光泽,则应尽快调整日粮结构。优质干草,日喂开食料可达1.4～1.8千克；如青干草品质一般，开食料可增加到1.8～2.7千克；如青干草品质太差，可喂到2.3～2.7千克。犊牛断奶后进行小群饲养，将月龄和体重相似的牛分为一群，注意分群时尽量减少应激。犊牛断奶后，继续饲喂断奶前的开食料和生长料，饲喂开食料不少于两周，此后饲喂促进生长的日粮（要求含有16%～20%蛋白质），一直喂至6月龄。6月龄前的犊牛，日粮中粗饲料的作用仅仅是促进瘤胃发育，只有当犊牛达到4～6月龄时，才少量喂给青贮。犊牛断奶后，要求牛舍干燥，保证适宜的温度，有充分的新鲜空气，预防“贼风”，使牛感到舒适。犊牛每天在舍外活动应不少于2～3小时，酷热天气午间避免暴晒，以免中暑。每次饲喂后饲槽及时洗刷干净，定期消毒；防止犊牛“舐癖”，犊牛舐吃牛毛，可在瘤胃内形成毛球，堵塞食道沟或幽门而致死，还可发生睾丸炎、乳头炎及脐炎等，丧失其种用价值或降低生产性能。此外，每天必须刷拭犊牛1～2次，防止不良刺激与饲料突变，预防腹泻和肺炎等。

九、育成牛健康养殖技术

1.培育后备牛

后备牛是指7~18月龄奶牛，此阶段生长发育最旺盛。育成牛可划分为7~12月龄(小育成牛)、13~18月龄(大育成牛)两个阶段，应分群饲养。犊牛在7~10月龄以前，由于瘤胃尚在发育，单纯依赖粗饲料不能满足生长需要。奶牛7~9月龄，粗饲料的干物质中应该至少有一半来自于青干草，这时精饲料的质量与组成应与粗料中的营养素相配合。精饲料应该是适口性好，粗大颗粒。10月龄育成牛已能够采食优质青贮料了，一般每头日喂量为每百千克体重5千克青贮。玉米青贮任奶牛自由采食，可造成体膘过肥，要对12月龄以上的育成牛限饲青贮，定为10~12小时消化完青贮草。称量日常所摄入的饲草干物质含量，从而能估计出粗饲料的采食量。由于单靠青贮作为日粮会造成蛋白质缺乏，因此应添加1.4~2.3千克含20%粗蛋白的精料。微量元素添加剂和微量矿物质要混入精料中饲喂。随时提供洁净饮水。配合日粮要慎重，不要完全依赖书本，要勤观察。要注意营养、管理、牛舍环境、健康和遗传等影响牛生长的因素。

小育成牛日增重指标为700～800克，大育成牛日增重800～825克；12月龄体重达到280～300千克，16月龄时体重达到350～380千克，然后进行配种，到24月龄分娩时体重为590～635千克。12月龄育成牛体高达到120～123厘米，体长140厘米；18月龄育成牛体高应达到135厘米，体长160厘米。到24月龄分娩时体高达到145厘米，体长170厘米。

7～12月龄是育成牛发育最快时期，每头每天可供给精饲料2～2.5千克，青贮饲料每头每天10～15千克，干草2～2.5千克，防止育成牛过肥。大育成牛体重应达400～420千克，精料每头每天3～3.5千克，青贮饲料每头每天15～20千克，干草2.5～3千克。

2. 性成熟期育成牛的特点

性成熟是指家畜的性器官和第二性征发育完善，母牛卵巢能产生成熟的卵子，公牛睾丸能产生成熟的精子，并有了正常的性行为。交配后母牛能够受精，并能完成妊娠和胚胎发育的过程。奶牛性成熟一般在6～12月龄，但性成熟后不能马上配种，因为尚处在生长发育中。6～12月龄的育成牛处于性成熟期，性器官和第二性征发育很快，在育成母牛体重150~300千克时乳腺发育速度最快。犊母牛在7~8月龄、公犊牛8~9月龄进入性成熟期，出现爬跨等发情症状。故此期公、母犊牛应分开饲养，以免偷配。分群时同性别牛的年龄和体格应该相近，年龄不超过2个月，体重差异低于30千克。定期调整牛群，防止大小牛混群，造成强者欺负弱者，出现僵牛。此期育成牛体躯正处于向高度、深度急剧生长阶段，前胃容积已扩大1倍左右，要求供给足够的营养物质并且饲料具有一定的容积。12月龄奶牛理想体重为300千克，体高115厘米，胸围159厘米。每天日增重为600克，不宜增重过多，以免大量的脂肪沉积于乳房，影响乳腺组织的发育。此期日粮干草2.2~2.5千克，青贮10~15千克，精料2~2.5千克。日粮包括优质干草羊草、苜蓿干草、青贮、玉米等，还可大量饲喂青绿多汁饲料，每天适当补喂一些混合料（一般2~2.8千克）。精料喂量多少应取决于粗饲料的品质、营养浓度和含水量。为减少饲料成本，每天可补充非蛋白氮50~60克尿素。

性成熟期育成牛生长发育旺盛，要注意充分运动，以锻炼和增强牛的体质，保证健康。在舍饲条件下，每天保证2小时以上的运动。冬季和雨季晴天时要尽量外出运动，不仅可增强体质，还可使牛接受日光照射，有利于骨骼生长。对育成牛全身进行刷拭，可促进皮肤血液循环;保持体表干净,减少体内外寄生虫病;培养母牛温驯的性格。刷拭时可用软毛刷,必要时辅以硬质刷子,用劲轻,以免损伤皮肤。每天刷拭1~2次,每次不少于5分钟。育成牛生长速度快,蹄质较软,易磨损。从10月龄开始,每年春、秋季节应各修蹄一次。

3. 体成熟期育成牛的特点

体成熟是指牛的骨骼、肌肉和内脏各器官已基本发育完成,而且具备了成熟时应有的形态和结构。体成熟晚于性成熟,当母牛体成熟(体重达到成年母牛体重的70%左右)时,即可开始配种。牛的性成熟和体成熟取决于年龄,同时与品种、饲养管理、气候条件、性别、个体发育情况有关,一般小型品种早于大型品种,饲养管理条件好的早于差的,所以确定母牛初配时要灵活掌握。体成熟期指12月龄至受孕前的育成牛,这阶段抵抗力强、发病率低,但不要使生长发育受阻,造成躯狭浅、四肢细高,延迟发情配种。此期内育成母牛体躯接近成年母牛,可大量利用低质粗料,锻炼瘤胃消化功能,增大采食量,扩大瘤胃容积,每天可喂尿素60~120克。为了进一步促进消化器官的发育及合理增重,仍以粗饲料与多汁饲料为主,精饲料一般不超过总量的25%,直到妊娠前期。此期日粮干物质喂量应占育成牛体重3.9%~4%,日粮中干草、玉米、青贮、精料配合料蛋白质水平应在13%~14%,如粗饲料品质欠佳,精料蛋白质含量应为15% ~17%。这阶段对矿物质营养要特别重视，磷酸氢钙和石粉是良好的钙磷补充料。日粮中还应充分供给微量元素和维生素 A、D、E，以保证配种前的营养需要。在良好的饲养管理条件下，一般母牛14 ~15月龄即可配种，体重达成年牛的60% ~70%，即360 ~380 千克。育成牛体重达260 ~270 千克时，进行第一次配种。这阶段要注意卫生管理，经常刷拭牛体，加强运动等，以保证正常生长发育。日粮为干草2.5 ~3 千克，青贮15 ~20 千克，精料3 ~3.5 千克。

4. 培育配种期育成牛

奶牛配种指标为，13 ~16 月龄、体重350 ~380 千克、体高不低于127 厘米、体高体重比2.87∶1、体膘评分3 ~3.5。体重和体高决定奶牛的配种时间。如奶牛在产犊时骨架不够大，则易发生难产、代谢疾病、产奶量下降而被迫淘汰。

为了获得最佳的受孕率，在配种前30 天和配种后30 天里，育成牛(12 ~18 月龄)应继续增重。决定奶牛性成熟、配种和正常分娩时间的，是体格大小，而不是牛龄。

5. 护理怀孕青年牛

初孕牛指怀孕后到产犊前的头胎牛。育成牛怀孕初期营养需要与配种前差异不大，怀孕的最后4 个月营养需要则有较大差异，应按乳牛饲养标准进行饲养。每日应增加精料 1～1.5 千克,蛋白质维持在 13%～15%。初孕牛饲料喂量一般要控制,否则会过分肥胖,导致难产或其他病症。初孕牛必须加强护理,最好根据配种受孕情况,将怀孕天数相近的母牛编入一群。初孕牛与育成牛一样,每日运动 1～2 小时,有条件也可进行放牧。初孕牛牛舍及运动场必须保持卫生,供给足够的饮水,最好设置自动饮水装置。分娩前两个月的初孕牛,应转入成年牛舍进行饲养,加强护理与调教,如定时梳刷、定时按摩乳房等。切忌擦拭乳头,以免乳头龟裂或病原菌侵入,导致乳房炎和产后乳头坏死。在分娩前 30 天,初孕牛可适当增加饲料喂量,但精料喂量不得超过体重的 1%。同时日粮中还应增加维生素、钙、磷及其他微量元素,以保证胎儿的正常发育。初孕牛在临产前两周,应转入产房饲养,饲养管理与成年牛围产期相同。

最好根据配种受孕情况,将怀孕天数相近的牛编入一群,分群饲养管理。妊娠 7 个月后转入干乳牛舍饲养,临产前两周转入产房饲养。通过刷拭、牵拉、排队等来进行调教。按摩乳房从妊娠后 5～6 个月开始,每天 1～2 次,每次 3～5 分钟,产前半个月停止,不能试挤和擦拭乳头。有的头胎牛会出现互相吮吸乳头的恶癖,引起瞎乳头,要及时隔离开。初孕牛好动恶静,在奔跑、跳跃中易导致流产,所以要及时修理圈舍,消除隐患。管理上要细致耐心，上下槽不急轰急赶、不乱打牛；不喂发霉变质饲料；冬天不饮结冰水、不喂冰冻料；每日至少要保证1～2小时的运动量。

初孕牛要保持中等偏上的体膘；由于瘤胃容积逐渐增大，产生更多的微生物蛋白质；需要25%～30%的过瘤胃蛋白；正常日增重0.77～0.82千克，小于0.77千克会影响以后的产奶量且易造成难产；如日增重大于0.9千克/天，则会造成肥胖，同样易造成难产及代谢紊乱；粗料及放牧通常能满足粗蛋白及产奶净能的要求，为了节省开支，应充分利用粗饲料及牧草地；初孕奶牛的体膘评分应在3.5～4。

6. 护理围产期青年牛

干奶牛接近分娩时应移到干净的产舍，以最大程度地减少病原微生物侵染，每天刷拭干净。围产期是奶牛一生中最难熬的时期，需精心护理。产前一周将奶牛与干奶群分开放在一个隔离区，改变为产奶牛日粮，以调整瘤胃微生物，保证从干奶状态到产奶状态的顺利转变。如果产舍在室内，给奶牛提供12～16米^{2}的产犊棚，地面应是泥土或粗糙水泥地，对墙壁、地面隔板进行消毒，干燥后撒上石灰，垫上长干麦秸。如果只有拴系式牛舍，找一个最大的牛床，垫7～10厘米厚的草，如果后边牛沟（或槽）应该用一些东西添充，并将牛移到较好的一边，以防止乳头和乳房的损伤。如果在室外，铺满草的小围场很好使,应该干燥,有遮阳光的顶,有棚栏。留意观察奶牛分娩情况,在必要时助产。产后即清理小牛鼻中的黏液,用干净的布擦净牛嘴(绝不能用脏手塞到小牛的口中)。产后应立即用5% ~7% 的碘液浸犊牛的脐部,第二天再浸一次。确保小犊牛吃到足够的初乳,越早越好,应挤母亲的奶喂给小犊牛,不允许犊牛直接吃脏的乳头。将新生犊牛移到单独的圈或小犊牛栏。

7. 护理新产牛

新产牛的干物质摄入量尚未达到最大,处于能量负平衡状态,因此,做到日粮能量密集就十分重要。应对新产牛的日粮进行调整,使干物质含量达到 17 ~19 千克,优先考虑满足其对纤维素和蛋白质的最低需求量,同时使能量的摄入达到最大。新产牛的饲喂量应保持5% ~10% 的剩料率,避免发生空槽综合征,使奶牛随时能采食到新鲜适口的饲料。奶牛产犊时的体膘评分应达3.5 ~3.75。肥胖牛容易发生酮病、皱胃移位、难产、胎盘滞留、子宫感染及卵巢囊肿。瘦弱牛则缺乏持久力,缺乏足够的能量储备以进行有效生产。

补充脂肪可以提高新产牛日粮的能量浓度。给新产牛补充脂肪时应考虑适口性问题。脂肪补充量应控制在干物质的 2% ~3% ,干奶末期奶牛应限制在 100 克,新产牛应限制在 500 克。炒大豆、膨化大豆、全棉籽、油脂是脂肪的良好饲料补充源。在泌乳25天后可饲喂500克过瘤胃脂肪补充剂。如果日粮中添加了脂肪，日粮干物质总量中的钙、镁含量要达到1%和0.35%。

密切监控奶牛消化病症，确保奶牛食欲旺盛，不断咀嚼反刍食团（应随时可见有30%的奶牛在咀嚼反刍）。通过提供2~4千克优质长秆干草（最好是苜蓿），促进奶牛采食。监听瘤胃，每分钟蠕动1~2次，否则应促进奶牛采食干草。观察表现抑郁的奶牛，有可能发生症状不明显的乳胀热、酮病及其他产后失调症。检查粪便，清晰可见大量的谷物或者粪便稀薄、发灰，则说明瘤胃周转有问题，应促进奶牛采食纤维素。记录体温。观察子宫排出物的气味和物理状态。如果怀疑发生胎盘滞留及乳腺炎，应找兽医确诊。根据奶牛食欲逐渐增加精料用量（即0.5~0.7千克/头·日）。在奶牛尚未吃完所饲喂的精料时，不要增加精料的饲喂量。谷物的总饲喂量应限制在不超过干物质摄入量的50%，每天至少3~4次饲喂，每次的饲喂量不超过2~2.5千克/头，能有效避免瘤胃酸中毒和厌食。

如果奶牛发生食欲减退，可调整喂料顺序，先饲喂长秆干草或玉米青贮，再喂精料，确保瘤胃得到良好的缓冲。调整饲喂频率，如果精料磨碎过细，可能会过快通过瘤胃；使用饲料添加剂，如小苏打、氧化镁、烟酸、酵母等。

8. 育成牛管理要点

(1)培育育成牛的目标:在14~15月龄时确保牛体重达到初配体重,即350~380千克,并且健康状况良好。育成牛进入产奶牛群的体重为520~570千克,或者在24~25月龄时体重达到成年体重的85%左右。由于在泌乳早期牛体重会下降15%,所以在临产时育成牛体重应为635千克。为达到这一体重,需要仔细平衡这一阶段的日粮。新产牛产后一个月体重如果达不到567千克,每少1千克体重,就会使泌乳期的总产奶量降低6千克。出生重的90%是胎儿在后40%怀孕期内获得的,在后三个月的怀孕期里,胎儿每天要增加0.63~0.68千克,确保育成牛每日增重至少1千克。

(2)体膘:在第一个泌乳期里,体重下降与产奶量较高有关,而体重增加则与较低的产奶量有关。要围绕育成牛本身个体大小、骨架及存有一定脂肪组织等制定饲养方案,在第一个泌乳期内尽早进行脂肪动员。

(3)育成奶牛的关键。从受孕到分娩注意既要使牛继续生长,又不能太肥。如果提供的粗饲料只有玉米青贮时,要考虑所需与蛋白质的平衡问题。如果摄入的能量过多,蛋白质不足,就会出现育成牛过肥、牛骨架生长缓慢的现象。后期怀孕育成牛,应限制高能量饲料的喂量,以避免产道堆积过多脂肪。日粮能量过高,而蛋白质含量较低,一般培育出的育成牛个体小、肥而圆。

如果育成牛和成年牛较肥，日粮蛋白质含量又低，在分娩时容易发生酮病，子宫和乳房抗感染的能力也较低。蛋白质摄入不足，还会影响到犊牛的免疫系统，使吸收的能力降低。当接近预产期时，给牛提供一个清洁干净的产房。在临产时，自然分娩较好。产后用5%的碘液对犊牛进行脐带消毒，给母牛喂以大量温水和饲料（如湿啤酒槽等），来填充瘤胃。

9. 不同阶段的后备牛日粮

采用含混合日粮（TMR）模式饲喂，3～6月龄犊牛为1/3粗料、2/3精料，6～12月龄奶牛为3/4粗料、1/4精料。对刚断奶犊牛饲喂开食料，一天2～2.5千克为限。生长重于育肥，含消化纤维的日粮促进生长，含淀粉的日粮促进育肥。日增重控制在0.77千克以上，新产牛在第一次产犊时最好体重为600千克，提供足够的蛋白质、维生素、矿物质。6月龄犊牛体膘评分为2～3，配种时为2～3，产犊时为3～4。犊牛适当运动，3月龄前不要群饲。

（1）犊牛阶段（初生至断奶）：一般犊牛出生后4～7天开始喂料，目的是促进瘤胃的发育，锻炼瘤胃功能。开始饲喂时可把料拌湿，用手指抹入犊牛嘴中或混入牛奶，待适应后放入料槽，自由采食。犊牛1月龄时每天喂料0.5～0.75千克为宜，1月龄后定量饲喂精料。犊牛出生后7天，将优质干草放入采食槽中，任其采食，2

月龄内不喂青贮。犊牛出生后7天开始饮水,水温与奶温相同,必须是开水晾温后饮用,否则会引起腹泻。24天后饮水降至常温。犊牛出生后30天饮水量以每天1.5~2千克为宜。2月龄犊牛断奶开食料喂量为1~1.5千克,断奶后逐渐增加。犊牛3月龄时,开食料增加到2~2.5千克,然后转为普通精料。换料要逐渐进行,一直饲喂到6月龄。苜蓿干草供自由采食。饮水量应逐渐增加。

(2)育成牛阶段(断奶至产犊):小育成牛(7~12月龄)体重可达280~300千克,精料喂量每头每天2~2.5千克,粗饲料量是青贮10~15千克、干草2~2.5千克;大育成牛(13~18月龄)体重可达400~420千克,精料喂量每头每天3~3.5千克,粗饲料量是青贮15~20千克、干草2.5~3千克。日粮应以粗饲料为主,适当补充精饲料。配种怀孕以后的青年母牛,要根据体重增长和胎儿发育情况逐渐增加饲料喂量。育成牛12月龄时可触摸乳房和牵引调教。对青年牛要每天刷拭牛体并按摩乳房,但严禁试挤。记录每头育成牛的初情期,达到14~16月龄、体重350~380千克以上时开始配种。

(3)青年怀孕牛(怀孕后到产犊前的头胎母牛):青年怀孕牛饲喂不可过量,保持中等体膘(体重500~520千克),以防肥胖导致难产。一般精饲料每头每天喂

3～3.5 千克，粗饲料量青贮 15～20 千克，干草 2.5～3 千克。分娩前 30 天适当增加饲料喂量，但谷物喂量不得超过青年怀孕牛体重的 1%，同时应增加维生素、钙、磷等。

(4)围产期乳牛(分娩前后各 15 天)：临产前 7 天的奶牛，可酌情多喂些精料，喂量逐渐增加，但最大不能超过母牛体重的 1%。临产前 15 天以内的奶牛，除减喂食盐外，还应饲喂低钙日粮，钙含量减至平时喂量的 1/3～1/2，或钙在日粮干物质中的比例降至0.2%。临产前 2～8 天，精料中可适当增加麸皮含量，以防奶牛便秘。奶牛分娩后应饮喂温热麸皮盐钙汤10～20 千克(麸皮 500 克、食盐 50 克、碳酸钙 50 克)，以利产犊牛恢复体力和排出胎衣。为促进产犊牛排净恶露和产后子宫恢复，还应喂饮热益母草红糖水(益母草粉 250 克加水 1.5 千克煎成水剂后，加红糖 1 千克和水 8 千克，水温 40～50℃)，每天喂 1 次，连喂 2 次。产后适当增加日粮中钙(由产前占日粮干物质的0.2%增加到0.6%)和食盐的含量。对产后 3～4 天的乳牛，如食欲良好、健康、粪便正常、乳房水肿消失，可随产乳量逐渐增加精料和青贮喂量，每天精料增加量以 0.5～1 千克为宜。

10. 日粮养分缺乏对育成牛的影响

日粮中缺乏能量、蛋白质、矿物质及维生素等,会造成育成牛生长缓慢、受胎率低。

(1)能量:能量缺乏会导致奶牛隐性发情,发情鉴定不准确,拖延配种日期,增加配种次数。

(2)蛋白质:蛋白质缺乏会降低奶牛食欲,引起生长缓慢和隐性发情。长期缺乏蛋白质会造成卵巢和子宫的发育缓慢,推迟奶牛性成熟。

(3)磷:磷缺乏能引起奶牛食欲差,延误性成熟,发情受阻。磷具有在机体组织间传送能量的作用。

(4)碘:碘缺乏会导致奶牛发情不明显、受孕率差、胎衣不下的发病率高;新生犊牛被毛缺乏,体弱、流产、甲状腺肥大。

(5)镁:镁缺乏会导致奶牛发情周期不正常或不完整。镁严重缺乏会造成胎儿被子宫吸收,奶牛乳房发育差,乳汁分泌量少;初生犊牛体格弱小,多有死亡现象。

(6)锌:缺锌会导致奶牛繁殖力差。

(7)维生素A:维生素A缺乏能造成奶牛怀孕后期流产、发情不正常,降低繁殖力。维生素A严重缺乏会抑制排卵和排斥受精卵在子宫着床,使黏膜组织感染率增加。

(8)钴:缺钴造成奶牛食欲差,犊牛的生长发育差。

(9)食盐:长期缺盐会降低奶牛食欲,生长发育差,产奶量低。奶牛因缺盐可能食粪尿、脏物、异物,多发生在只喂劣质粗饲料时。

荷斯坦牛3～9月龄即体重72～229千克时较为关键，乳腺的生长发育最为迅速。育成牛性成熟前生长目标为日增重600克左右，而性成熟后为800～825克。在性成熟或配种后，加快生长速度不会抑制乳腺发育。气温能影响采食量，25℃以上时采食量就会减少。青干草可作为体重200千克以下奶牛的主要粗饲料，要补充谷物和能满足菌体蛋白合成的蛋白质原料，还要加一些过瘤胃蛋白质。

11. 育成牛分群

犊牛断奶后，应单独饲养一个阶段后再群养，可减少相互吮吸乳头的机会。如果圈舍充裕，断奶犊牛可按4周龄分为一群，每群4～6头，小群饲养，再逐步转入更大的牛群中。小群饲养有利于观察护理，胆小犊牛编入竞争力弱的群。育成牛分为3个管理群：3～6月龄、6～12月龄、12～24月龄，营养需要有所不同。

2～5月龄：尽可能小群饲养，最多为5头，使犊牛适应采食的竞争环境，日增重为0.7～0.8千克。6～13月龄：这是育成牛饲养的关键阶段，日增重为0.7～0.8千克，同时控制体膘不能过肥。13月龄至配种期：提供高营养水平的饲料，可提高发情率受孕率。怀孕育成牛：日增重至少为0.6～1千克，同时要防止体膘过肥或偏瘦的现象（表8）。

表 8　　育成牛饲料喂料

组群	月　龄	体重(千克)	体高(厘米)	饲料喂量(上限为月龄、体格大)
1	断奶至6月龄	68~180	89~127	0.9~2.3 千克含蛋白质的混合精料,0.9~2.7 千克优质带叶干草
2	6~10月龄	180~270	127~150	2.3 千克混合精料,3~4.5 千克优质干草(近一半用优质青贮草代替)
3	10 月龄至怀孕	270~385	150~168	5~9 千克优质干草,优质青贮草也可,但注意蛋白质含量
4	怀孕至分娩前几周	385~635	168~196	9~12 千克粗料

接近 15 月龄的牛组群后,每群内的个体间年龄不超过 3 个月,体重不超过 75 千克。确保牛群有足够的采食槽位。保持饲槽经常有草,每天空槽不超过 2 小时。

十、奶牛健康管理技术

1. 奶牛体膘评分标准

奶牛体膘评分(BCS)即对奶牛的膘情进行评定,反映该牛体内沉积脂肪的基本情况。通过体膘评分,可以对该阶段的饲养效果进行研究评估,为制定下一阶段的饲养措施和调整近期日粮配方及饲喂量提供重要依据。另外,体膘评分也是对奶牛进行健康检查的辅助手段。

体膘评分是以肉眼观察母牛尻部得到的,主要部位有髋骨(髋结节)、臀角(坐骨结节)和尾根,还有腰椎上的脂肪(或肌肉)量。触摸时奶牛应水平站立,首先对奶牛的体膘进行总体观察,触摸一下短肋部位,观察骨端的肌肉状况,手从肋骨滑向脊背骨,感觉脂肪多少。从背部移开,沿着韧带,到腰角。然后到骨状球节,再从髂部到臀角。评估一下腰角和臀角部位的肌肉多少及碗状凹陷深浅。最后一步,把手从臀角向上至尾根,触摸感觉脂肪量。评分为1(极瘦)~5分(极胖)。1分:

整个脊骨覆盖的肌肉很少且显著凸起，脊骨末端手感明显，形成延伸至腰部、清晰可见的衣架样。前背、腰部和尻部部位的脊椎骨凸起明显。腰角和臀角之间严重凹陷。尾根以下与臀角之间的部位严重凹陷，呈明显凸起。2 分：凭视觉辨别出整个脊骨，但不凸起。脊骨末端虽覆盖的肌肉多一些，但手摸仍明显凸起。前脊、腰部和尻部的脊椎骨在视觉上不明显，但手感仍可辨别。腰角和臀角凸起，两个臀角之间明显凹进，但骨骼结构有些肌肉覆盖。3 分：用手轻压可辨别出整个脊骨，同时脊骨平坦，无衣架样印象。前背、腰部和尻部的脊椎骨呈圆形背脊状。腰角和臀角呈圆形且平滑。臀角之间和尾根周围部位平坦。4 分：用手用力按才能辨别出整个脊骨，同时脊骨平坦或呈圆形，根本无衣架样印象。前脊部位脊椎骨呈圆形、平坦的隆起状，但腰、尻部位依然平坦。腰角呈圆形，两个腰角之间的十字部位呈水平。尾根和臀角周围部位的肌肉丰满，看得出有皮下脂肪积累。5 分：视觉上看不出脊椎骨、腰角和臀角部位的骨骼结构，皮下脂肪明显突起，尾根几乎埋进脂肪组织内。

一般理想的奶牛体膘评分应在 2.5 ~ 4 分。因个体差异，允许泌乳高峰的短期内稍低于 2 分，分娩前稍高于 4.5 分（表 9）。

表9　　奶牛体膘评分标准

膘情分	脊椎部	肋骨	臀部两侧	尾根两侧	腕骨，坐骨结节
1	非常突出	根根可见	严重下陷	陷窝很深	非常突出
2	明显突出	多数可见	明显下陷	陷窝明显	明显突出
3	稍显突出	少数可见	稍显下陷	陷窝稍显	稍显突出
4	平直	完全不见	平直	陷窝不显	不显突出
5	丰满	丰满	丰满	丰满	丰满

奶牛的理想体膘为2.5~3.5分，不同的生理或泌乳阶段有一定差异，干奶期、分娩时和泌乳后期较高，泌乳中期次之，泌乳前期较低。

2. 防治乳房炎

奶牛的乳房就相当于一个产奶机器，如果这个机器出了故障或运转不良(患了乳房炎)，就会影响产奶量。乳房炎是病原性细菌穿过乳头，侵害乳腺引起的炎症。有临床性乳房炎和隐性乳房炎，临床性乳房炎乳房红肿、疼痛发热、奶量聚减，挤出絮状奶，奶牛有发热、拒食等症状；隐性乳房炎不表现症状，但产奶量降低，对奶牛群的危害更大。97%的乳房炎属于隐性乳房炎，并能在一定条件下转为临床性乳房炎。

奶牛感染乳房炎后，机体产生大量的白细胞，用于消灭病原菌和修复损伤的组织。大量的白细胞会堵塞部分乳腺管道，使分泌的乳汁无法排出，导致部分泌乳细胞停止泌乳，最后萎缩。由于泌乳细胞总量的减少，影响整个胎次甚至终生产奶量。奶样所含体细胞数与奶量损失成正相关。

乳房炎可降低鲜奶质量。由于奶中含有大量的体细胞和抗生素，使鲜奶受到一定程度的污染，从而影响乳制品的质量和风味。许多发达国家，牛奶中体细胞数超过30万奶价就要打折，超过50万则被拒收。乳房会增加牛群更替成本。由于乳房炎引起产奶量降低，使奶牛的饲养变得不合算而不得不淘汰。正常情况下，所淘汰的牛处于产奶高峰胎次，因为产奶量越高的牛越容易感染乳房炎。乳房炎会导致其他损失，如被废弃的牛奶，医药费增加、额外的劳力和遗传潜力的丢失等。

奶牛患乳房炎与环境、饲养管理、挤奶设备的正确使用与保养、挤奶程序等因素密切相关，不正确的挤奶程序是引起感染的主要因素。挤奶过程中，奶牛的乳头为释放乳汁而开放，细菌很容易入侵，而隐性乳房炎又没有临床症状，产奶量的逐渐降低也不易被觉察，往往会感染其他牛。挤奶员在挤奶前用一条毛巾擦洗所有牛的乳房，这给乳房炎的传染提供了一个最为有利的条件。

（1）正确的挤奶程序：

①温和地对待泌乳牛。挤奶过程的主要目标：刺激

乳房，促使快速、安全释放乳汁；乳头要干净、干燥；生产优质牛奶；尽量缩短每头牛的挤奶时间。牛在挤奶过程中，由于乳头部分的神经末梢受到刺激，促使脑垂体释放催产素而乳汁排出。如果在挤奶前，粗暴对待泌乳牛或大声叫喊，肾上腺素会抑制催产素的释放，使乳汁排出不完全，影响产奶量。

②清洗乳头。清洗乳头是为了刺激乳头，得到干净的牛奶。清洗乳头分为淋洗、擦干、按摩。淋洗面积太大，会使乳房上部的脏物随水流下，集中到乳头，增加乳头感染的机会。淋洗后用干净毛巾或纸巾、废报纸擦干，注意一只牛一条毛巾或一张纸，毛巾用后清洗消毒。然后按摩乳房，促使乳汁释放。这一过程要轻柔、快捷，最好 15～25 秒完成。

③废弃最初的 1～2 把奶。这样做能使挤奶工人及早发现异常牛奶和临床性乳房炎，废弃含有高细菌数的牛奶，提供一个强烈的放乳刺激。在清洗乳头前挤掉头 1～2 把奶，可及早给奶牛一个强烈的放乳刺激。废弃奶应用专门的容器盛装，避免污染环境。

④乳头药浴。乳头药浴可有效避免乳房炎。用手取掉乳头上的垫草等，废弃每一乳头的最初 1～2 把奶，对每一乳头进行药浴，30 秒钟后擦干。

⑤挤奶。正确使用挤奶器，保证挤奶器正常工作，否则会使放乳不完全或损害乳房。手工挤奶则应尽量

缩短挤奶时间。

⑥挤奶后药浴乳头。挤完奶 15 分钟,乳头的环状括约肌才能恢复收缩功能,并闭合乳头孔。在这 15 分钟内,乳头极易受到病原菌的感染。及时进行药浴,使消毒液附着在乳头上,形成一层保护膜,可以大大降低乳房炎的发病率。

(2)控制环境污染和维护挤奶设备:乳房炎是环境中的致病菌通过乳头孔进入乳腺而感染,所以,要给牛提供一个舒适、干净的环境。

①饲料。对于高产牛,高能量、高蛋白的日粮有助于提高产奶量,但也增加了乳房的负荷,使机体的抗病力降低。维生素和矿物质在抗感染中起重要作用,缺硒、维生素 A 和维生素 E 会增加临床性乳房炎的发病率,在配制高产奶牛日粮时应特别注意。

②牛舍、牛栏潮湿、脏污的环境有利于细菌繁殖。牛舍应及时清扫,运动场应有排水条件,保持干燥。牛栏设计要合理,牛床要舒适,铺上垫草、沙子、锯末等材料以保持松软。坚硬的牛床易损伤乳房,引起感染。

③挤奶设备的维修与保养。挤奶系统使用频率非常高,而且与乳头直接接触,建议每年 2 次对挤奶系统进行全面评估。包括真空泵气流量,储备系统气流容量,系统真空水平、真空稳定性,奶爪及整个管道内牛奶流动特性、真空调节效率,橡胶部件的状况,系统卫生状

况，牛奶冷却器，个体牛及群体产奶量等。

治疗乳房炎感染严重的奶牛花费高，治愈后会影响终生奶产奶量，应淘汰。对于一些有治疗价值的牛，应在干乳期间采用长效抗生素灌注乳房，缓慢释放，使抗生素的有效浓度在乳房内持续21天以上。

(3)干奶期治疗：停奶应选在预产期55~60天之前，不得少于40天，否则乳腺的损伤组织和乳腺分泌细胞得不到充分修复和补充。停奶分为逐步停奶和一次性停奶，为了配合干奶牛治疗，降低新感染率，最好采用一次性停奶。对于奶量高于10千克的奶牛，在停奶前3~4天要逐步减少饲料及水的喂量，迫使其减少产奶量。对于患临床性乳房炎的牛，应在停奶前先进行治疗，消除症状，停奶后要随时检查乳房情况，直到乳房完全空瘪。如果停奶后不久有乳区发生临床性感染，应该恢复挤奶并治疗，治愈后停奶，再进行干奶期治疗。对于体细胞高、产奶量低的奶牛，应尽早停奶治疗，不但能彻底痊愈，而且也能降低病菌的传播机会。

采用乳房灌注的办法较为普遍，但存在着一定的危险性，如方法不当，反而会将环境中抗药性强的细菌带入乳房。将奶完全挤干净，迅速乳头药浴，用干净毛巾或纸巾擦干乳头上多余的药液。用酒精棉球对乳头消毒，一个棉球只能消毒一个乳头，先消毒外侧的一对。灌注药物时先从近侧的一对乳头开始，为避免感染，乳针不要插入太深,6 厘米即可。灌注后要按摩乳房,一支针头只能用于一个乳头,再进行一次乳头药浴。此外,在干奶处理后的头两周和预产期的前两周每天至少药浴乳头一次。所灌注的药物,应根据细菌的种类及其药敏速度来选择。药物剂量要适当,药物有效浓度保持 20～30 天即可。市场上干乳药物很多,最好选择一次性干奶针,一支注射器所装的药物刚够一个乳区,一头牛要 4 支。在使用大剂量包装的容器时,如果处理不当,易被环境中的致病菌所污染,因此,在每次抽取药物前瓶塞都要用酒精消毒,不允许将未使用完的药物从注射器内返还到瓶中,也不能将两瓶未使用完的药物合到一个瓶内。

干奶牛治疗,第一种方案是对所有进入干奶期的牛逐个进行治疗,简单易行,无需送样检测,能够治疗每头牛的每个乳区。第二种方案是选择性治疗,只处理体细胞含量高的牛和乳区,可以缩小治疗范围,节省人力和开支。第一种方案适用于:奶罐混合样的体细胞数高于 50 万;每百头泌乳牛当中,在 3 天之内出现 4 头牛以上患临床性乳房炎;乳区感染率大于 15%;在牛群中,每头牛体细胞数的平均值大于 25 万。第二种方案适用于:在泌乳盛期体细胞数高于 25 万;泌乳期内发生过临床性乳房炎的牛;在奶样中,检测出引发乳房炎的主要病原菌。

牛奶中正常体细胞含量≤20万/毫升。如果超标，则意味已经存在隐性乳房炎，奶产量潜力不能发挥，牛奶质量也受到影响。要使牛奶中体细胞保持在20万以下，有效方法是每次挤奶以后乳头药浴。商用乳头药浴碘液含有一些特殊的载体（如聚乙烯吡咯烷酮），在一定时间内始终具有杀死细菌的效力。当然这种碘液中仍然含有一定量的游离碘，不会伤害乳头皮肤，也不会进入牛奶中。

3. 防治瘤胃酸中毒

奶牛瘤胃酸中毒呈散发型，一年四季均可发生，以冬春季节多发。1~6胎发病较多，占77%。临产牛、产后3天内的牛多发病，占70%以上。产奶量在6 000千克以上的奶牛，发病率占65%。母牛喂精料量越大、粗饲料不足或缺乏，发病率越高。

乳酸中毒：奶牛过食精料后，血中的二氧化碳结合力下降，pH下降。pH下降和缺氧症都能使乳酸蓄积，吸收进入奶牛体内，引起酸中毒。

内毒素中毒：大量饲喂精料后，瘤胃内的致病物质如组织胺和细菌内毒素等，都可引起中毒。由于组织胺的增高，奶牛可出现蹄疼痛和蹄叶炎。牛过食精料后，瘤胃pH下降到约5.5时，纤毛虫活性和再生能力消失，瘤胃微生物区系革兰阳性细菌增加，大量死亡并释放出细菌内毒素，引起组织损伤，加重了酸性消化不良症。

(1)最急性型:病牛不愿走动,步态不稳,呼吸急促,心率达100/分钟以上,呼吸困难,气喘,张口吐舌,从口内吐出泡沫带血唾液,常于发现症状后1~2小时死亡。

(2)急性型:常见于分娩后的母牛,食欲废绝,精神沉郁,目光无神,结膜充血,肌肉震颤,耳鼻凉,走路摇晃,眼窝下陷,排黄褐色、黑色、带黏液的稀粪,或排出褐红色、暗紫色的粪汤。随病情的加剧,病牛瘫痪卧底不起,呈躺卧姿势。

(3)亚急性—慢性型:病牛症状轻微,前胃弛缓,瘤胃蠕动微弱,食欲减退,伴发蹄叶炎时步态强拘,站立困难。

(4)治疗:葡萄糖生理盐水500毫升×6瓶,庆大霉素160万~320万国际单位,四环素250万国际单位,5%氯化钙500毫升,10%葡萄糖500毫升,2.5%碳酸氢钠500毫升,一次静脉注射;维生素B_1每日100~300毫克肌肉注射;碳酸氢钠粉150~300克或石灰水灌服。

4. 防治酒精阳性乳

酒精阳性乳是指乳酸度在11~18℃T,用70%的中性酒精与等量乳混合,产生微细颗粒状和凝块的乳,分为高酸度和低酸度酒精阳性乳两种。高酸度酒精阳性乳指滴定酸度增高(0.20以上),与70%酒精凝固的乳。主要是在挤乳过程中，由于挤乳机管道、挤乳罐消毒不严，挤奶场环境卫生不良，牛奶保管、运输不当及未及时冷却等，细菌繁殖、生长，乳糖分解成乳酸，乳酸升高。蛋白变性所致低酸度酒精阳性乳，指乳的滴定酸度正常乳酸含量不高，与70%酒精发生凝固的乳。

(1)病因：

①应激，包括气温、惊吓、换料等应激因素。

气温：随着气温的升高，阳性乳的发生率也逐渐升高，特别是7～8月份高温季节发生率最高。这是由于乳牛对热非常敏感，在高温这种应激因子的作用下，奶牛分泌ACTH增多，导致PTH升高，直接会提高血钙的浓度，牛奶稳定性的降低，出现酒精阳性乳。因此，阳性率在高温季节明显升高。

泌乳月份：在第一个泌乳月和干乳前的两个月，奶牛群中出现阳性乳的频率也明显升高。

惊吓：刺激交感神经，使肾上腺素分泌量增多，抑制垂体后叶分泌催乳素，使乳汁分泌量减少，乳汁贮留于乳腺组织中，也易引起阳性乳。

换料：饲料的急剧变化对奶牛是一个很大的应激因子，奶牛需要调整消化系统来适应新饲料而产生机体应激反应，导致酒精阳性乳。

②营养因素。日粮总量不足或过高；精饲料喂量过大，饲料发霉、变质，尤其是青贮饲料品质差，导致奶牛

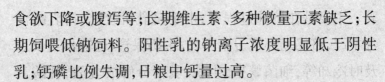

食欲下降或腹泻等;长期维生素、多种微量元素缺乏;长期饲喂低钠饲料。阳性乳的钠离子浓度明显低于阴性乳;钙磷比例失调,日粮中钙量过高。

③内分泌失调。奶牛在发情期、妊娠后期或注射催情雌激素,易导致内分泌失调。由于雌激素的作用,使子宫、乳腺毛细血管的通透性受阻而内分泌异常;乳汁中钙的含量增高,易产生酒精阳性乳。

④加工贮运因素。冬季鲜奶易冻结,乳中一部分酪蛋白变性,同时在处理时因温度和时间的影响,酸度相应升高,产生酒精阳性乳。

⑤其他因素。奶牛患病后,乳汁的合成机能紊乱,加上环境条件、饲料条件的改变,极易产生阳性乳。主要有隐性乳房炎、肝脏机能障碍、酮病、骨软症、钙磷代谢紊乱、繁殖疾病、胃肠疾病等。

(2)预防:

①减缓应激。夏季防暑降温、通风换气,冬季防寒保暖。保持饲料的长期稳定,更换饲料时要做到平稳过渡。在季节变换时,要防止饲料突变,在运动场设置防风墙等。减少对牛群的不良刺激,禁止机动车进入牛舍,尤其是挤奶时禁止生人入内。

②注重营养平衡。根据奶牛不同生理阶段的营养需要,结合本地实际情况,调配平衡日粮。

(3)药物治疗。

①奶牛在发情期、妊娠后期、卵巢囊肿以及注射雌激素后引起内分泌失调阳性乳者,可肌肉注射绒毛膜促性腺激素1 000国际单位或黄体酮100毫克。

②改善乳腺功能,内服碘化钾10~15克,加水灌服,每日1次,连用5日。2%硫酸脲嘧啶20毫克,一次肌肉注射。

③改善乳房内环境,可用0.1%柠檬酸钠50毫升,挤乳后注入乳房中,每天1~2次;1%小苏打液30毫升,挤乳后注入乳房中,每天1~2次。

④恢复乳腺机能,用甲硫基脲嘧啶20毫升配合维生素B_1肌注。

⑤调整机体代谢,解毒保肝,肌注维生素C,用以调节乳腺毛细血管的通透性。

⑥络合多余的钙离子,磷酸二氢钠40~70克一次内服,每天1次,连服7~10天。

⑦积极治疗隐性乳房炎引起的酒精阳性乳。临床上低酸度酒精阳性乳约有60%是由隐性乳房炎所致。对于检测出的奶牛,可口服盐酸左旋咪唑,提高免疫调节功能和增强乳腺的防疫机能。第一次按每千克体重6毫克,第二次以后按每千克体重3毫克,每天早晚各1次,连用5天。中药治疗,当归40克、生地35克、蒲公英100克、金银花150克、连翘50克、赤芍50克、川芎

35 克、夏枯草 30 克、瓜蒌 50 克、甘草 25 克，经煎候温，一次灌服。

5. 防治奶牛蹄病

蹄叶炎病是指奶牛蹄真皮的弥漫性、无败性炎症，是一种常见病，65% 的蹄病与蹄叶炎有关。蹄叶炎可分为急性、亚急性和慢性，奶牛通常采取特定的姿势以减轻疼痛。患蹄病的奶牛通常后背拱起来，如后肢比正常情况更朝前放置，说明疼痛在脚趾；如比正常更朝后，说明疼痛在蹄踵。如奶牛起卧困难或走路笨拙，则很可能是由于蹄炎或其他蹄病所致。

（1）病因：通常认为突然改喂高碳水化合物饲料和长期喂给多蛋白质饲料，引起奶牛消化性紊乱，易发生蹄叶炎。有的蹄叶炎继发于奶牛产后胎衣停滞、严重乳房炎、子宫内膜炎、酮病、瘤胃酸中毒等。管理不善也可诱发蹄叶炎，包括圈舍条件，特别是地面质量、有无垫草及奶牛运动量等。水泥地面是引发蹄叶炎的重要原因，软地面和垫草能使牛得到充分休息，且有助于体重在每个指（趾）的均匀分布，防止跛行。

（2）临床症状：

①急性蹄叶炎（最初 10 天）：牛蹄会发热，蹄底软化，1 周后白线变黄呈黏稠状，蹄内真皮组织血管阻塞，且由于接近蹄壁和缺少可活动性，肿胀会引起很大的疼痛。牛蹄变热，脉搏、呼吸次数和体温都增加。病牛表

现为步态僵硬，运步疼痛，背部弓起。若后肢患病，有时前肢伸于腹下；若前肢患病，后肢聚于腹下。前肢的内侧蹄趾，后肢外侧蹄趾多发病。严重病例，为了减轻疼痛，病牛两前肢交叉，两后肢叉开，不愿站立，趴卧不起。食欲和产乳量下降。蹄壁温度升高，敏感疼痛。

②慢性蹄叶炎（45 天以后）：蹄底开始凹陷，且蹄底与蹄踵区分不明显，趾朝上。蹄壁外层可看到横的纹路（小沟）趾骨刺向蹄底，进一步与蹄壁分离，由于趾骨的转动，使得奶牛感到很不舒服。蹄背侧缘与地面形成很小的角度，蹄扁阔而变长，呈典型的“拖鞋蹄”。蹄背侧壁有嵴和沟形成，弯曲，出现凹陷。蹄底切削出现角质出血，变黄，穿孔和溃疡。

③亚临床型蹄叶炎（第 10～45 天）：壁外及冠状带周围出血，最显著的变化是蹄壁与蹄底分离，可以看到趾很长及蹄踵分支。从内部可以看到趾骨刺向下面，不跛行，但削蹄时可见蹄底出血、角质变黄。

（3）预防：配制营养均衡的日粮，合理分群饲养。增加日粮的精饲料量，使产奶量和牛奶的成分达到最高值为止。粗饲料中性洗涤纤维与瘤胃可降解淀粉的比例应维持在 0.9～1.2，这样可避免饲料纤维消化的下降，使瘤胃的正常机能得以维持。保持蛋白质平衡，因为高水平的瘤胃可降解蛋白，也会成为跛行及蹄叶炎的一个因素。钙磷比适当，注意日粮中阴阳离子差的平衡。保证牛瘤胃 pH 在 6.2～6.5，可以添加缓冲剂。85% 的奶牛吃料后睡在牛床上，洁净干燥的牛床可减少细菌繁殖，防止蹄病的发生，要保证牛床上有足够多的干燥清洁垫料。奶牛的休息时间应保持 4 小时以上。夏季每周用 4% 硫酸铜溶液或消毒液进行一次喷蹄浴蹄，冬季容易结冰，每 15～20 天进行一次。喷蹄时应扫去牛粪、泥土垫料，使药液全部喷到蹄壳上。浴蹄可在挤奶台的过道上和牛舍放牧场的过道上，建造长 5 米、宽 2～3 米、深 10 厘米的药浴池，池内放有 4% 硫酸铜溶液，让奶牛上台挤奶和放牧时走过，达到浸泡目的。注意经常更换药液。适时正确地修蹄护蹄修蹄能矫正蹄的长度、角度，保证身体的平衡和趾间的均匀负重，使蹄趾发挥正常的功能。专业修蹄员每年至少应对奶牛进行两次维护性修蹄，修蹄时间可定在分娩前的 3～6 周和泌乳期 120 天左右。修蹄注意角度和蹄的弧度，适当保留部分角质层，蹄底要平整，前端呈钝圆。

(4)治疗：正确诊断，分清是原发性还是继发性。原发性多因饲喂精饲料过多，故应改变日粮结构，减少精料，增加优质干草喂量。继发性多因乳腺炎、子宫炎和酮病等，治疗原发病。首先用清水和棕刷、蹄刀等去除蹄部污物，然后对患蹄进行必要修整，充分暴露病变部位，彻底清除坏死组织。再用 10% 碘酊涂布，呋喃西林粉、消炎粉和硫酸铜适量压于伤口，鱼石脂外敷，绷带包扎蹄部即可。如患蹄化脓，应彻底排脓，用3%的过氧化氢溶液冲洗干净。如有较大的瘘管，则作引流术。3天后换药一次，一般1～3次即可痊愈。以上工作须由经验丰富的修蹄技师来完成。为缓解疼痛，防止悬蹄发生，可用1%普鲁卡因20～30毫升行蹄趾神经封闭，也可用乙酰普吗嗪肌肉注射。静脉注射5%碳酸氢钠液500～1 000毫升、5%～10%葡萄糖溶液500～1 000毫升，或静脉注射10%水杨酸钠液100毫升、葡萄糖酸钙500毫升。20%严重蹄病牛应配合全身抗生素药物疗法，同时应用抗组织胺制剂、可的松类药物。

腐蹄病是指(趾)部皮肤及其深层组织的化脓性坏死性炎症。这往往涉及蹄壁皮肤的感染，发生在趾间或蹄踵周围，细菌通过创伤进入，导致腐烂。奶牛腐蹄病有草场牛蹄腐烂和牛舍牛蹄腐烂。草场牛蹄腐烂细菌来自于泥泞草地，尤其在雨季，导致趾间腐烂。牛舍牛蹄腐烂是由于奶牛经常站在潮湿的牛床上或牛粪沟而引起的，通常发生在蹄踵周围。饲养管理条件差，蹄部不卫生，存在各种能引起蹄外伤的因素(如蹄叉过削、蹄踵狭窄等)；继发感染坏死杆菌、化脓棒状杆菌和其他化脓性病原菌；无机盐缺乏、代谢紊乱或运动不足，可诱发本病。

不同年龄奶牛均可发病，以乳牛发病率最高，放牧牛夏季多发，舍饲牛冬季多发。多数病例出现在后肢，病初几小时内一肢或多肢有轻度跛行，四肢系部、球节屈曲，患肢以蹄尖着地；18～36 小时后，指（趾）间隙和蹄冠部肿胀，皮肤有小的裂口，有难闻的气味，表面有伪膜；36～72 小时后，两指（趾）分开明显，指（趾）部甚至球节出现明显肿胀，患肢剧痛。当深部化脓坏死时，自溃烂处流出脓汁，稀薄，呈黄白色，有恶臭味。病牛体温升高，食欲下降。

作局部性处理时，首先要对原发病灶进行清理、消毒，必要时进行扩创或削修蹄角质，显露出深部组织后，用 3% 双氧水、0.1% 高锰酸钾溶液等冲洗，创内敷氯霉素或青霉素，也可用磺胺二甲基嘧啶粉，或洗后局部涂布 5% 碘酊，最后撒布碘仿磺胺粉（碘仿 10 份 + 氨苯磺胺 90 份，混合均匀）。灌服锌制剂 45 毫克/千克体重，连用几天，效果较好，亦可用 2.4% 氧化锌舐盐。用 0.1% 的高锰酸钾或 3% 的双氧水冲洗病变部位后，用醋酸氢化可的松 30 毫升、青霉素 300 万单位、盐酸普鲁卡因 5 毫升混合，在腕关节前上方或跗关节外上方，作“人”字形皮下封闭注射，隔日一次，连用两次。再用 75% 的酒精棉球消毒患病部位，最后涂上磺胺软膏或抗生素软膏，并包扎绷带，数日即可痊愈。作全身治疗时，可给予抗生素、磺胺制剂。定期用硫酸铜或甲醛溶液泡蹄，或地面用生石灰、5% ～10% 硫酸铜液、4% ～10% 甲醛液消毒，可预防本病。

没有扩延到深层组织的指(趾)间皮肤炎症,称为指(趾)间皮炎。特征是皮肤不裂开,有腐败气味。病因为牛舍潮湿不卫生,条件菌感染为诱因。已从病变中分离出结节状杆菌和螺旋体。

本病不引起奶牛急性跛行,但可见运步不自然,蹄非常敏感。病变局限在表皮,表皮增厚和稍充血,在趾间隙有一些渗出物,有时形成痂皮。发现该病时常常已到第二阶段,在球部出现角质分离(通常在两后肢),跛行明显,在角质和真皮之间进入泥土、粪便和褥草等异物,出现增殖反应。本病常常发展成慢性坏死性蹄皮炎(蹄糜烂)和局限性蹄皮炎(蹄底溃疡)。

加强饲养管理,保持蹄的干燥和清洁。对患部应彻底清洗,削除有空洞分离的角质,局部应用防腐和收敛剂,如碘仿磺胺(1∶5)粉、碘仿鞣酸粉等,一日两次,连用3天。或涂布5%龙胆紫溶液、氧化锌软膏、水杨酸氧化锌软膏等,装蹄绷带,2～3天换药1次。病牛也可进行蹄浴。保持蹄干燥和清洁,定期用收敛剂(如10%硫酸铜液等)蹄浴。

6. 防治奶牛胃病

(1)奶牛前胃弛缓:是指前胃机能紊乱,而表现兴奋性降低和收缩力减弱或缺乏,特征是食欲、反刍紊乱,瘤胃蠕动减弱或异常。

原发性前胃弛缓,主要是精饲料喂量过多或突然食入过量的适口饲料(如玉米青贮),不能兴奋前胃;食入过量不易消化的粗饲料,如麦糠、秕壳、豆秸等,而又饮水不足;饲喂变质的青草、豆渣、山芋渣等饲料或冰冻饲料;饲料突然发生改变,日粮中突然加入不适量的尿素;牛舍阴冷潮湿,过于拥挤,经常更换饲养员和调换圈舍或牛床,都会破坏前胃正常消化反射,造成前胃机能紊乱。该病也继发于急性传染病、血液寄生虫病、代谢病及中毒性疾病。

急性前胃弛缓,病牛表现食欲、饮欲减退,咀嚼无力,反刍减少而弛缓,时而嗳气并带酸臭味,瘤胃蠕动音减弱而次数正常或减少。奶牛泌乳量下降。触诊瘤胃,内容物黏硬或呈粥状。如果伴发前胃炎或酸中毒时,病情急剧恶化,呻吟、磨牙,食欲废绝,反刍停止,排棕褐色糊状恶臭粪便;精神沉郁,黏膜发绀,皮温不整,体温下降,脉率增快,呼吸困难,鼻镜干燥,眼窝凹陷。治疗不及时或不当,则易变为慢性。慢性前胃弛缓,病牛表现精神沉郁,触诊瘤胃不坚硬,瘤胃蠕动时有时无,全身无力,皮温不均,被毛粗硬,喜卧不站,泌乳停止,眼球下陷。严重酸中毒时,病牛精神沉郁,脱水,体温下降。瘤胃蠕动音减弱或消失,内容物黏硬或稀软。腹部听诊,肠蠕动音微弱。病牛初期排粪干燥,色暗呈黑色,泥炭状,表面被覆黏液,有时夹杂着未完全消化的饲料,排恶臭粪便或干稀交替。在腹泻前与腹泻期间呈现疝痛症状。

病牛初期无明显变化，后期脉搏快而弱，继发瘤胃臌胀时呼吸困难。病程持久的，病牛逐渐消瘦衰弱，皮肤粗乱，皮肤弹性减退，眼球凹陷，鼻镜干燥，四肢浮肿，甚至卧地不起，昏迷死亡。

采用纤维素消化试验确诊。用有锤的棉线悬于瘤胃液中进行厌气温浴，如果棉线被消化断离时间超过50小时，证明消化不良，便可以确诊。

病牛初期要加强护理，以增强瘤胃蠕动机能为主，改善瘤胃内环境，恢复正常微生物区系，防止脱水和自体中毒。病牛初期绝食1～2天（但给予充足的清洁饮水），再饲喂给易消化的青草或优质干草。轻症病例可在1～2天内自愈。如果瘤胃内容物已腐败发酵，可插入粗管进行洗胃（0.1%高锰酸钾或1%碳酸氢钠溶液），异物冲洗出来后，投入健康牛的新鲜胃液（或用胃管抽取，或健康牛反刍时，从口腔迅速取出反刍食团）。

为了促进胃肠内容物的运转与排除，可用硫酸钠（或硫酸镁）300～500克，鱼石脂20克，酒精50毫升，温水6 000～10 000毫升，一次内服；或用液状石蜡1 000～3 000毫升、苦味酊20～30毫升，一次内服。

为增强前胃机能，应用"促反刍液"（5%葡萄糖生理盐水注射液500～1 000毫升，10%氯化钠注射液100～200毫升，5%氯化钙注射液200～300毫升，20%

苯甲酸钠咖啡因注射液 10 毫升），一次静脉注射，并肌肉注射维生素 B_1。此外，还可皮下注射新斯的明 10～20 毫克，但病情重剧、心脏衰弱、老龄和妊娠母牛禁止应用，以防虚脱和流产。

（2）瘤胃臌气：是牛吃了大量容易发酵的饲料，在瘤胃内发酵，迅速产生并积聚大量气体，致使胃的容积急剧增大，胃壁发生急性扩张，并呈现反刍和嗳气障碍的一种疾病。霉变的青贮料、豆饼也可引起急性瘤胃臌气。创伤性网胃炎、食道阻塞等也可继发瘤胃臌气。

原发性瘤胃臌气，是因为奶牛大量食入易发酵产气的饲料，如苜蓿、甘薯秧等；饲喂未经浸泡的含蛋白质较多的饲料，如大豆、豆饼等；饲喂变质、发霉或经雨淋，潮湿的饲料，如变质豆腐渣、青贮料等。病牛表现不安，时而躺下，时而站起，一会儿踢腹，一会儿打滚，而且嘴边有许多泡沫，表现呼吸极度困难。如果不及时治疗，病牛因呼吸困难窒息而死亡。

无论是原发性，还是继发性瘤胃臌气病，都表现左侧肷部臌胀。继发性瘤胃臌气时，病牛瘤胃蠕动亢进，不久变弛缓，与原发性病例一样，表现呼吸困难和脉搏增加，可视黏膜发绀，食欲废绝，瘤胃蠕动和反刍机能减退，全身状态日趋恶化。在临床上继发性瘤胃臌气反而比原发性瘤胃臌气难以治愈，而且反复发作，不能彻底痊愈的病例也比较多见。

牛发病后立即停止饲喂豆饼类饲料；要加强牛的运动量，不要多给精料；在更换多汁饲料时一定要循序渐进。

治疗原则是排气消胀，缓泻止酵，强心输液，健胃解毒。病情较轻奶牛，用松节油 50 毫升，鱼石脂 15 克，酒精 50 毫升，加水适量，1 次灌服。急重症病奶牛发生窒息危象时，应立刻采取瘤胃穿刺术，放气急救。在左肷部（髋节结）中点与最后肋骨水平线的中点隆起最高处，剪毛、消毒，用盐水放气针或套管针刺入瘤胃放气；或将胃管从口腔插入胃内放气。放气不能过快，以免病牛因大脑贫血而昏迷。泡沫性臌气，可用豆油 300 毫升加温水 500 毫升，用套管针注入瘤胃；或用液状石腊 500～1 000 毫升，松节油 40～50 毫升加温水内服。气体性臌气，可用鱼石脂 30 克，酒精 100～150 毫升搅拌化开，加入松节油 20～30 毫升，混合后通过胃管或放气针孔注入瘤胃内。当气体和食物在瘤胃内混合形成泡沫性臌气时，消泡剂 20 克内服；兽用有机硅消泡剂 20 克，加水灌服；植物油 500 毫升，醋 500～1 000 毫升或牛奶 500～1 000 毫升灌服。臌气较缓时，将牛头抬高，拉出牛舌，来回拉动，或将一根涂有松节油或煤油的木棒横搭在牛口内。然后将两端用细绳系在牛头角根后固定，不停晃动，并配合压迫瘤胃，以排出气体。大群牛发病时，赶牛爬坡，或赶入河中也有一定疗效。如用药无效时，应立即采取瘤胃切开术，取出内容物。

(3)瘤胃积食：是指奶牛的瘤胃内充满过量且较干固的食物，引起瘤胃壁扩张，致使瘤胃运动及消化机能紊乱。由于奶牛的瘤胃收缩力减弱，食入大量难以消化的饲料、饲草或容易膨胀的饲料，致使瘤胃扩张、容积增大，内容物停滞和阻塞，瘤胃运动和消化机能障碍，形成脱水和毒血症。

急性病例在采食后 12 小时内发病，最初症状是精神兴奋，因腹痛而用后腿踢腹；其后精神沉郁，不愿走动，呼吸急迫，常有呻吟，食欲完全停止，饮水减少；严重病例步态蹒跚，行走不稳，视力不清，不避阻碍。病程延长至 48 小时，病牛常卧地不起呈产后瘫痪姿势，对各种反应迟钝，呈昏睡状态。多数奶牛有严重脱水及酸中毒症状，若不予治疗可在 72 小时内死亡。

根据发病原因，过食后发病，瘤胃内容物充满而硬实，食欲、反刍停止等病征，可以确诊。本病应与瘤胃臌气和疝痛相区别。

本病治疗原则是恢复前胃运动机能，促进瘤胃内容物运转，消食化积，防止脱水与自体中毒。对一般病例，首先禁食，在牛的左肷部用手掌按摩瘤胃，每次 5 ~ 10 分钟，每隔 30 分钟一次。结合先灌服大量温水，再按摩，效果更好，或用酵母粉 500 ~ 1 000 克，一天分两次内服，具有化食作用。清肠消导，可用硫酸镁或硫酸钠

300～500克、液状石蜡油或植物油500～1 000毫升，鱼石脂15～20克、75%酒精50～100毫升、水6 000～10 000毫升，一次内服。应用泻剂后，用毛果芸香碱0.05～0.2克或新斯的明0.01～0.02克，皮下注射，兴奋前胃神经，促进瘤胃内容物运转与排除，但心脏功能不全与孕牛忌用。促蠕动疗法，可用10%氯化钠溶液100～200毫升静脉注射；或先用1%温食盐水洗涤瘤胃，再用促反刍液，最好是用10%氯化钠溶液100毫升、10%氯化钙溶液100毫升、20%安钠咖注射液10～20毫升，静脉注射。晚期病例要反复洗涤瘤胃，用直径4～5厘米、长250～300厘米的胶管或塑料管一条，经牛口腔导入瘤胃内，然后来回抽动，以刺激瘤胃收缩，使瘤胃内液状物经导管流出。若瘤胃内容物不能自动流出，可在导管另一端连接漏斗，向瘤胃内注温水3 000～4 000毫升，待漏斗内液体全部流入导管内时，取下漏斗并放低牛头和导管，用虹吸法将瘤胃内容物引出体外。如此反复，即可将精料洗出。

严重的瘤胃积食往往药物治疗无效，应果断进行瘤胃切开术，取出内容物，并用1%温食盐水洗涤。必要时，接种健康牛瘤胃液。加强饲养和护理，促进病牛康复。

（4）奶牛创伤性网胃炎：是因采食了饲料中的金属异物，进入网胃，造成网胃穿孔，刺伤腹膜、肝、脾和胃肠所引起的炎症。

奶牛在采食的时候,用舌头将饲料卷入口中,就连饲料中的异物也一同吃入。吃入的异物不仅进入食道,而且从瘤胃进入网胃或直接到达网胃,一般都沉积在网胃底部,有的长期嵌留在网胃壁上,逐渐被氧化分解而消失。有的则由于网胃强有力的收缩,异物穿过胃壁而导致胃壁穿孔。若异物仅刺入胃壁而未穿孔的,可引起前胃弛缓,异物可被增生的结缔组织包围形成硬结,形成慢性创伤性网胃腹膜炎。由于迷走神经受损伤,并发网胃或肝、脾脓肿,渗出大量纤维蛋白,腹腔脏器粘连,最后导致全身性脓毒症或败血症,往往预后不良。异物一旦穿透网胃壁,奶牛突然表现急性前胃弛缓症状,多站立,不愿移动躯体,强迫运动,步态僵硬;头颈伸展,肘关节外展,肘肌颤抖;横卧、起立,排便时苦闷不安,呻吟,上坡轻快,下坡时小心翼翼;卧下时非常小心,先用后肢屈曲坐地,然而前肢轻轻跪地。病牛被毛粗刚、逆立,腹部紧缩,空嚼磨牙,瘤胃运动停止。

急性病例,出现食欲不振或废绝,瘤胃蠕动减弱或停止,泌乳量明显下降。病牛不愿运动,行走缓慢,不敢大步或快步行走。多取站立姿势,站立后拱背,肘头外展,肘肌震颤。有的病牛低头伸颈,食团逆呕至口腔极勉强而不自然,呼吸常见屏气现象。体温在穿孔后 1 ~ 3 天时升高至 41℃以上,以后可维持正常。病牛排粪时拱腰举尾,不敢努责,粪便干而少量,呈黑褐色,附有黏液,偶有潜血。慢性病例,反复出现食欲不振、消化不良症状,并逐渐消瘦。在无明显原因而突然发生前胃弛缓,结合疼痛、运动迟滞、独特姿势和药物治疗效果不明显等,可初步诊断为本病。本病应注意与前胃弛缓、慢性瘤胃臌气及急、慢性腹膜炎鉴别。

加强饲养管理,不要在放牧场或牛舍周围放置金属异物,尤其是在改建牛舍和运动场时更需注意。实践证明,给 10 ~ 12 月龄牛经口投放磁棒,使磁棒留在网胃中,聚吸金属异物有十分明显的效果。另外,为了减轻腹内压,要对奶牛限制饲草量。有条件的奶牛场可使用电磁吸引器,吸除饲料中的金属异物。

病初为了降低网胃承受的压力,应让牛站立在前方较后方高出 15 ~ 20 厘米的斜面牛床上,使异物从瘤胃退回,同时肌注抗生素消炎(一般用青霉素 400 万国际单位与链霉素 4 克混合,肌肉注射,效果很好)。在临床治疗效果不理想时,应行瘤胃切开术,通过瘤胃的瘤网孔进入网胃探寻并取出金属异物。如无并发症,手术后再加强护理,治愈率在 90% 以上。但是,对已经形成腹腔脏器粘连和脓肿的病例,确诊后应果断淘汰。

7. 防治奶牛子宫内膜炎

由于奶牛在分娩时或产后护理不当、胎衣不下、子宫脱出及配种时感染,而引起子宫黏膜发炎。子宫内膜炎为常见奶牛疾病,70% ~95% 不孕奶牛为子宫内膜炎所致。

患牛拱腰举尾,有时努责,阴道长期排出污秽的黏稠物,屡配不孕。直肠检查,发现病牛的子宫角粗大且明显增长,或子宫的下垂较深。一般病例发情无异常,直肠检查卵巢的排卵情况正常,个别牛会出现轻度的体温变化或泌乳量减少,一般很少影响到食欲。脓性卡他性内膜炎是黏膜表层的炎症,子宫内有脓性分泌物流出;伪膜性子宫炎是由于黏膜深层受到损害,子宫内有纤维素性渗出物,严重时子宫肌层坏死。病牛全身症状明显,体温升高,食欲减少,精神沉郁。慢性化脓性子宫炎由急性转变而来,临床上无症状,但患牛发情不规则;有的虽有发情和排卵,但屡配不孕;即使受孕,常在怀孕早期流产。

病原微生物经阴道和子宫颈进入子宫内而感染。胎衣不下、难产、阴道和子宫脱出、产后子宫颈开张和外阴松弛,输精、助产时器械或手臂及母牛外阴部消毒不严,阴道炎、子宫颈炎等,都为病原微生物侵入子宫内创造了条件。其中,胎衣不下和难产是引起子宫感染的主要原因。

加强干奶期的饲养管理。精饲料喂量为 3 ~4 千克,青贮为 15 千克,自由采食优质干草,防止母牛过肥。产前增加运动,促进胎衣的成熟,防止胎衣滞留和胎衣不下。产后注射催产素 50～100 国际单位，间隔 6～8 小时再追加一次，可促进子宫复位，减少出血，促进胎衣排出。在配种、助产的过程中要严格消毒，保持产房环境的清洁卫生，防止将病原微生物带入体内。饲料的营养要全面，特别是维生素、微量元素、蛋白质的添加含量要充足。加强高产奶牛的饲养管理。建立产前产后监测制度，减少继发感染本病的因素。

全身疗法：青霉素 160 万～200 万国际单位，金霉素 100 万国际单位及磺胺嘧啶 0.05～0.1 克/千克体重，混合肌肉注射，2 次/天。若为产后胎衣不下，则应配合垂体后叶或麦角新碱 50～100 国际单位，肌肉或皮下注射，2 次/天；局部用 5% 露它净 100～200 毫升/天或 4% 乳宫安 100 毫升，以及金乳康、宫得净 1～2 支/次等。

图书在版编目（CIP）数据

奶牛生态养殖/王星凌，赵红波主编.—济南:山东科学技术出版社，2015

科技惠农一号工程

ISBN 978-7-5331-8017-1

Ⅰ.①奶… Ⅱ.①王… ②赵… Ⅲ.①乳牛—饲养管理 Ⅳ.①S823.9

中国版本图书馆 CIP 数据核字(2015)第 277052 号

科技惠农一号工程

现代农业关键创新技术丛书

奶牛生态养殖

王星凌　赵红波　主编

主管单位:山东出版传媒股份有限公司

出　版　者:山东科学技术出版社

地址:济南市玉函路 16 号

邮编:250002　电话:(0531)82098088

网址:www. lkj. com. cn

电子邮件:sdkj@ sdpress. com. cn

发　行　者:山东科学技术出版社

地址:济南市玉函路 16 号

邮编:250002　电话:(0531)82098071

印　刷　者:山东金坐标印务有限公司

地址:莱芜市赢牟西大街 28 号

邮编:271100　电话:(0634)6276023

开本: 850mm×1168mm　1/32

印张: 4.375

版次: 2015 年 12 月第 1 版　2015 年 12 月第 1 次印刷

ISBN 978-7-5331-8017-1

定价:12.00 元